葉・花・実・樹皮で見分ける！

樹木観察ハンドブック

山歩き編

るるぶDO!ハンディ

CONTENTS

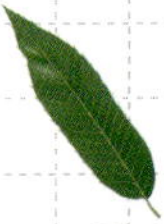

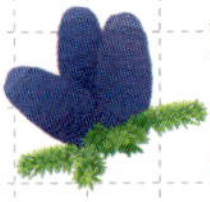

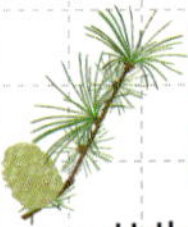

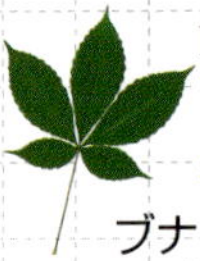

はじめに

樹木観察はなんの知識がなくても楽しめます。山や森へ足を運び、目の前の木々を見つめ、触れ、匂いを感じるだけでも、気持ちいいものです。

たとえば、右の写真のような木に出会ったなら、何を感じるでしょうか？木々のことをあまり知らなくても、「苔がきれい」「樹齢は数100年だろうか」など、さまざまに想像をめぐらせることができるでしょう。子どもなら、「木が笑っているみたい」と答えるかもしれません。

自然観察は五感を働かせ、イマジネーションを膨らませることで、目の前の自然をより身近に感じ、親しむことができます。名前や植生など、たいして知らなくても、樹木や森が“好き”という思いさえあれば、森歩きは楽しいのです。実際、私も、自信をもって見分けられる樹種など、たかがしれています。それでも、1本新しい樹種を覚えると、その木が、森が身近になります。そして、その1本が、さらに次の1本につながり、いつの間にか、20本、30本と、見分けられる樹木が増えていきます。

ちなみに、右の写真は天城山のブナですが、すぐに見分けられたでしょうか？　同じブナでも、生育環境によって、自分が思い描くブナと姿が違うものです。1つの樹種もいろんな角度から眺め、四季折々に訪ねてみると、出会った分、知識となり蓄積されていきます。まずは、今、注目を集めているブナから樹木観察を始めてみてもよいですし、子どもの頃から馴染みのある裏山の木を、訪ね直してみるのもよいでしょう。

本書では「山歩き編」として、とくにハイキングで目にしやすい木や、登山口の里山周辺などで見られる特徴ある樹木を中心にリストアップしてみました。すでに、木々に精通した人には物足りないかもしれません。しかし、各樹木にまつわるコラムを盛り込みましたので、ご存じの樹種も再確認しながら楽しく読めると思います。ぜひ、山や森を歩く際にお持ちいただき、樹木観察の一助になれば幸いです。

（松倉一夫）

本書の使い方

本書は、ハイキングコースや登山道沿いなどで見られる樹木観察を楽しむためのハンドブックです。登山口周辺の雑木林から低山、亜高山帯まで、まず最初に覚えたい代表的な樹木を取り上げています。まずは、これらの基本樹種を覚え、さらに他の樹木や植物にも関心を広げていただければと思います。

樹種名と見出し

「樹種名」は地方によって、呼び名が違うこともありますが、ここでは、広く呼ばれる標準和名をカタカナで表記してあります。別名が標準和名と同じくらい利用されているものについては( )で表記しました。「見出し」はその樹種を覚える際の「キャッチフレーズ」のような感じで付けましたので、樹種名と合わせて覚えると、樹種同定の際に役立ちます。

第1章

斑模様の灰褐色の樹皮と葉脈が映える美しい葉

ブナ

大樹は高さ30mにもなる（北海道・歌才ブナ林）

褐色に色づいたイヌブナ。
ナより側脈が細かく多い
秋(10月上旬～

灰褐色の樹皮に地衣類や苔
付着し独特の幹が目を引く
（青森県・白神山地）

見られる場所 歌才ブナ林　白神山地　玉原高原　丹沢　天城山　芦生の森　伯耆大山など

◎ブナ科ブナ属◎落葉高木／樹高15～30m◎分布・北海道南西部、本州、四国、九州の山地帯◎生育環境・冷温帯の山地内にしばしば純林を形成する

夏緑樹の代表として、広く山岳地帯の中腹から上部に分布。第一の見分けポイントは、灰褐色の樹皮に白や薄緑の地衣類が描き出す斑模様。大樹になると一面苔に覆われていることも多い。透過光に葉脈がくっきり映える葉は明るく美しい。なお、同じブナでも日本海側に生育するものは葉が10cm以上と太平洋側のものより大きい。原生の森

ではブナが優占する森林を作るこ
が多く、東北地方の日本海側には
事なブナ林が広がる。秋にはトゲ
包まれた殻斗の中に、三角錐型の
をつける。数年に　度、豊作となり
粒は小さいが美味しい。似た種に
ヌブナがあるが、樹皮が黒っぽく
幹が根元から枝分かれすることが
い。葉の側脈もブナが7～11な
に対し10～14と多い。

ブナやミズナラ　夏緑樹の森

12

写真

大きな写真では、できるだけ、その樹種の特徴を示すようなカットを選んでいます。小さな写真で、花や実、樹皮、葉などを可能な範囲で紹介しています。

見られる場所と樹種データ

本書で紹介する樹木は、多くの地域で見られるため、とくに、生育域が限定されている樹種以外は、広い山域などを中心に「見られる場所」を紹介しました。「樹種データ」では、まず樹木の「科と属名」を表記し、さらに、落葉高木、常緑高木、落葉低木、常緑低木、落葉蔓性の分類をし樹高を紹介しました。ただし、一部、高木と低木の中間まで大きくなる樹種については小高木としてあります。さらに、分布域や生育環境について紹介しています。

季節

写真のような様子で見られる時季を表しています。ただし、標高や生育環境などにより、前後しますので、あくまでも参考としてください。

イラスト

全樹種ではありませんが、より樹種同定に役立つよう、写真ではわかりにくい葉っぱの細かい部分などをイラストによって描いてあります。また、葉の大きさ、葉の縁の様子、葉柄の長さ、葉の付き方などにも触れました。

コラム

その樹木に関係する楽しい話題や、他の似た樹種との見分けポイント、樹木観察を楽しむためのヒントなどをコラムで紹介しました。

解説文

その樹木が持っている見た目の印象や見分けポイント、自生地の特徴、花や実の見どころポイントなどを紹介しています。

監修について

本書の作成にあたっては、「独立行政法人　森林総合研究所主任研究員(専門は植物生態遺伝学)」の北村系子さんに監修をいただきました。

森の索引

日本の森を分ける垂直分布と水平分布

木々は環境によって、大きく生育する樹種が変わる。とりわけ、生育する地の気温は木々が自生する上で大きな要因となる。もちろん、降水量や日照時間なども、植物が成長するうえで大切だ。しかし、幸いにも、日本はいずれの地域でもまんべんなく雨が降り、陽がさす。結果、日本の森林は、大きく垂直分布と水平分布によって、植生を分けることができる。

垂直分布は標高による植生変化だ。ご存じの通り、気温は標高が高くなると下がっていく。湿度などの条件によるが、標高が100m上がると、気温は約0.6℃下がるとされる。その温度差によって樹木のすみ分けが生じる。たとえば、本州中部域を例に植生の垂直分布を見ると、海岸から標高500m程度までの丘陵帯にはツバキ、カシ、シイなどの常緑広葉樹（照葉樹）。500～1500mの低山帯にはブナ、ミズナラなどの落葉広葉樹（夏緑樹）。1500～2500の亜高山帯にはコメツガ、シラビソ、オオシラビソなどの常緑針葉樹。それ以上の高山帯ではハイマツなどと草原だけの森林限界となる。

一方、水平分布は主に緯度によって変化が生じる。日本列島は南北に長いために、亜熱帯から亜寒帯までのバラエティ豊かな樹木が生育できる。なお、この水平分布は垂直分布とも密接に関わり合っている。たとえば、暖温帯に位置する屋久島でも、標高1000m以上では屋久杉などが見られ、さらに1500m以上で

照葉樹の高木、スダジイ

コナラなどが生育する低山の雑木林

夏緑樹の高木、ブナ

常緑針葉樹のシラビソの森

はヒメシャラなどの落葉広葉樹。さらに、1700～1800mでは亜高山帯のヤクシマシャクナゲなども見られる。一方、日本アルプスでは標高2500m以上に見られるハイマツが、北海道の大雪山では1600m付近で見られたりする。

つまり、日本では、山域に応じて、さまざまな木々と出会える豊かな森が広がっている。

ここでは「森の索引」とタイトルを付けたが、本書では、主にブナやミズナラが見られる森を「夏緑樹の森」、コナラやアカマツなどが生育する森を「低山の雑木林」、シラカバやカラマツが見られる森を「高原の森」、シイやカシの照葉樹が見られる森を「里山の雑木林」、シラビソやコメツガ、オオシラビソが見られる森を「針葉樹の森」と分け、山歩きで出会える主な樹種を紹介していきたいと思う。

北海道の羅臼岳の山上に広がるハイマツ帯

屋久島の山上を彩るヤクシマシャクナゲ

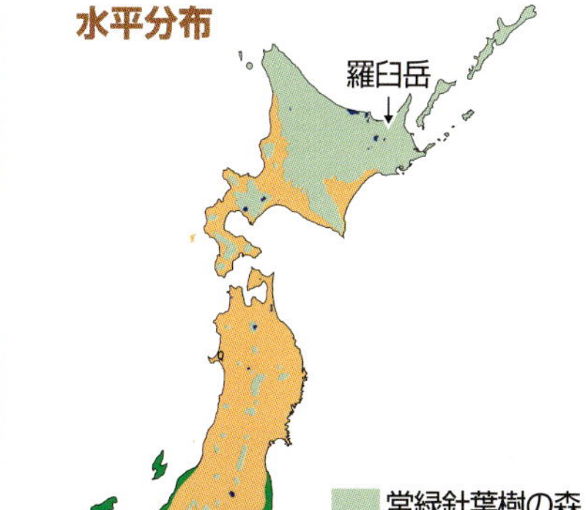
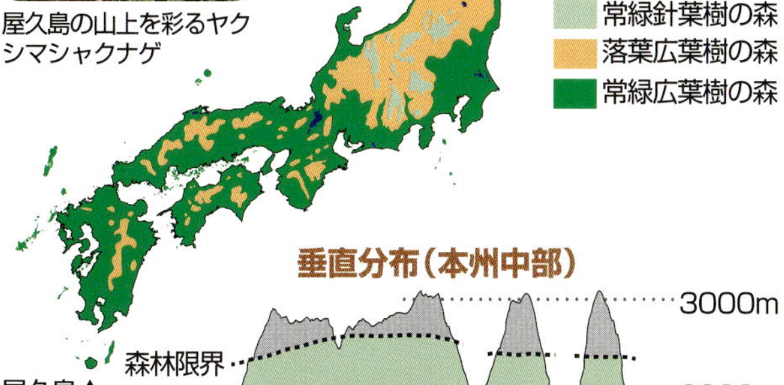
水平分布
羅臼岳
常緑針葉樹の森
落葉広葉樹の森
常緑広葉樹の森
屋久島

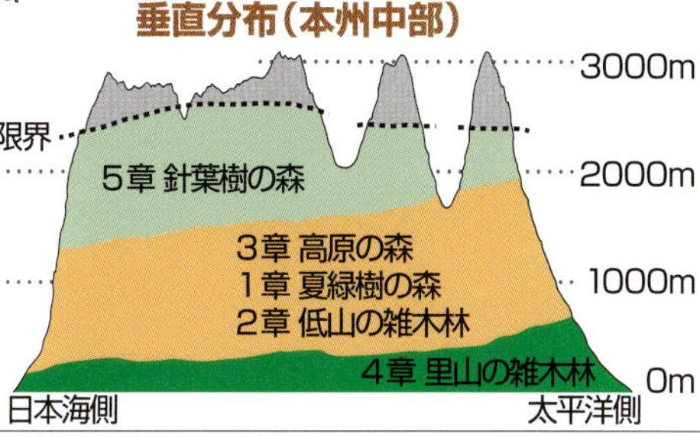
垂直分布（本州中部）
3000m
森林限界
2000m
5章 針葉樹の森
3章 高原の森
1章 夏緑樹の森
2章 低山の雑木林
1000m
4章 里山の雑木林
0m
日本海側
太平洋側

第1章

ブナやミズナラ
夏緑樹の森

思わず深呼吸したくなるブナの森（群馬県・奥利根水源の森）

近年、ブナの森が注目を集めている。白神山地が世界遺産に選定されたことで、豊かな森の代表として注目されたためだ。しかし、日本では、ブナは決して珍しい樹木ではない。北海道南西部から九州の大隈半島まで広く分布しており、本州中部では海抜800ｍ～1500ｍの山地へと上がれば普通に目にできる。関東周辺でも手軽なところでは都民の森の三頭山《みとうさん》にもブナが見られる。さらに、玉原《たんばら》高原や丹沢、天城山の山上にも美しいブナ林が広がっている。関西地方でも、京大演習林になっている芦生《あしう》の森や六甲山などにも自生している。ミズナラもブナと同じ山域で広く目にできる樹種だ。ブナやミズナラが自生する森で、目を引く夏緑樹を中心に紹介しよう。

灰褐色の樹皮に地衣類やコケ植物が付くブナ

ギザギザの葉っぱと見事な枝振りのミズナラ

手の平状に大きな葉を広げ目を引くトチノキ

大きな厚い葉を風車のように広げるホオノキ

根元からたくさんのひこばえを伸ばすカツラ

初夏のブナ林で白い花をつける低木、ムシカリ

斑模様の灰褐色の樹皮と葉脈が映える美しい葉

ブナ

大樹は高さ30mにもなる（北海道・歌才ブナ林）

褐色に色づいたイヌブナ。ブナより側脈が細かく多い

秋(10月上旬〜中旬)

灰褐色の樹皮に地衣類や苔が付着し独特の幹が目を引く（青森県・白神山地）

見られる場所 **歌才ブナ林　白神山地　玉原高原　丹沢　天城山　芦生の森　伯耆大山**など

◎ブナ科ブナ属◎落葉高木／樹高15〜30m◎分布・北海道南西部、本州、四国、九州の山地帯◎生育環境・冷温帯の山地内にしばしば純林を形成する

夏緑樹の代表として、広く山岳地帯の中腹から上部に分布。第一の見分けポイントは、灰褐色の樹皮に白や薄緑の地衣類が描き出す斑模様。大樹になると一面苔に覆われていることも多い。透過光に葉脈がくっきり映える葉は明るく美しい。なお、同じブナでも日本海側に生育するものは葉が10㎝以上と太平洋側のものより大きい。原生の森ではブナが優占する森林を作ることが多く、東北地方の日本海側には見事なブナ林が広がる。秋にはトゲに包まれた殻斗の中に、三角錐型の実をつける。数年に一度、豊作となり、粒は小さいが美味しい。似た種にイヌブナがあるが、樹皮が黒っぽく、幹が根元から枝分かれすることが多い。葉の側脈もブナが7〜11なのに対し10〜14と多い。

若葉とぶら下がって咲く雄花

葉の縁は波状になり、くぼみ部分に側脈が伸びる

葉の長さが4～8㎝。日本海側のものは10㎝以上になるものもある。葉の付き方は互生

側脈は7～11対、イヌブナは10対以上と多くなる

蕎麦の実のような三角錐型のブナの実

Column

後世まで残るブナの鉈目

東北のブナの森で、時折、「鉈目《なため》」を目にすることがある。これは、かつてマタギが森を歩く際の目印としてブナの幹に鉈で彫ったものだ。なぜ、ブナの木に鉈目を刻んだかというと、灰褐色の樹皮は鉈目がよく目立ち、ブナは成長が遅いので消えにくいからだ。尾瀬の森などを歩いていると、自分の名や日付が刻まれいるブナを目にする。一度彫れば長い間消えない。最近、文化財の落書きが問題になっているが、後世に恥を刻まないためにもブナを傷つけるのはやめたい。ちなみに、以前、奥只見の山で目にした鉈目は40年近くたっても「清水有ます」とはっきり読めた。喉を潤す沢の在処を示した本物の鉈目。落書きと違い、何となく嬉しくさせる鉈目だった。

ギザギザの葉っぱが目を引くドングリの木

ミズナラ

大きく枝を広げるミズナラ（栃木県・奥日光）

初秋を迎え、うっすらと黄色く色づき始めた葉っぱ

秋(9月下旬〜10月中旬)

樹皮は縦に裂け目が入り、薄く紙状に重なっている。老木になると裂け目が目立たない

見られる場所 **賀老高原　白神山地　奥日光　奥多摩　丹沢　芦生の森　伯耆大山**など

◎ブナ科コナラ属◎落葉高木／樹高20〜30m◎分布・北海道、本州、四国、九州の山地帯◎生育環境・高原から山上まで広く生育する

中部山岳地帯では標高1600m付近まで広く山地帯に分布し、ブナとともに夏緑樹を代表する。葉の縁はギザギザとした大ぶりな鋸歯《きよし》をもっており、枝先に広がるように互生する。一度覚えれば見間違うことは少ない特徴的な葉っぱだ。樹皮は薄い紙状に重なった感じだが、縦に浅く裂け目が入る。大木は幹の直径が1mほどになり、大きく広がる枝振りも見事だ。秋にはドングリがなり、リスなどの餌になる。別名「オオナラ」とも言われ、コナラにも似ているが、コナラは低い山域や里の雑木林に生育。また、コナラは葉柄《ようへい》が長く鋸歯も小さいので見分けがつく。カシワの葉も一見似ているが、こちらは葉の縁はノコギリ状でなく深い波状となる。また、山地ではほとんど見られない。

新緑の頃のミズナラの葉っぱ

葉の縁はギザギザがよく目立つ鋸状になり、先端部分に側脈が伸びる

葉の長さは7～16㎝。葉の付き方は一見、輪生のようにも見えるが互生

側脈は13～17対

葉柄はほとんどない。葉の形が似ているコナラとの見分けポイント

青いうちに台風で落ちた若いミズナラのドングリ

Column

日本一のミズナラとドングリコーヒー

ミズナラで唯一国の天然記念物に指定されていのが、長野県の清《せい》内《ない》路《じ》村にある「小黒川のミズナラ」(写真)だ。樹高は18.2m、幹回り7.25m、樹齢は推定約300年で、ミズナラでは日本最大と言われる。普通、ミズナラは幹が上へと真っ直ぐ伸び、高い位置で枝を広げるが、このミズナラは、根元からねじれるように幹が立ち上がり、四方八方にきれいに伸びた枝振りも美しい。話は変わり、コーヒーが貴重な時代、ドングリをコーヒー豆の代用にされていたことがあった。長野県の大滝村にある郷土料理『ひだみ』では、今もミズナラやコナラのドングリを使った、どんぐりコーヒーやドングリ揚げ餅、手打ちどんぐりうどんなどが食べられる。

沢筋でひときわ大きく羽団扇のように広がる葉が目印

トチノキ

沢沿いの肥沃な大地に育った「姥の栃」(山梨県・山梨市)

大きな葉は秋に黄色から褐色、ときにオレンジに色づく

秋(10月上旬~10下旬)

樹皮は黒褐色~茶褐色だが、老樹になると樹皮が剥がれて、波目模様が表れる

見られる場所 白神山地　奥日光　奥多摩　丹沢　芦生の森　伯耆大山など

◎トチノキ科トチノキ属◎落葉高木/樹高20~30m◎分布・北海道、本州、四国、九州の山地帯◎生育環境・川沿いや谷筋の湿った肥沃な場所に多く生育

山の沢沿いや谷筋を歩いていて、羽団扇《はうちわ》のようにひときわ大きく葉が展開している木を見たなら、たいていはトチノキだ。長い葉《よう》柄《へい》の先に5~7枚の小葉《しょうよう》が展開する葉は一目見れば覚えられるほど特徴的だ。小葉は最大で40㎝ほどにもなるから、遠くからでも見分けやすい。木の寿命も長く、大きなものは幹が直径2m近くにもなり、その風格たるや、まさに他を圧倒する森の主といった趣。また、大樹になると樹皮がはがれ落ち、下から波目模様が表れるため、冬枯れの時期の見分けポイントになる。秋にはクリのような丸い実がなる。ちなみに、最近、街路樹や公園樹で見られるトチノキはたいてい西洋トチノキ(マロニエ)で、よく似ているが本種とは違う。花も白でなくピンク色となる。

葉全体の大きさは長さ20～60㎝、幅15～40㎝。中央の一番大きな小葉の長さは13～35㎝。葉の付き方は対生
葉の縁はギザギザの鋸歯が不整につき、くぼみ部分に側脈が伸びている
小葉は5～7枚で、手の平のように広がる。側脈は20～30対

トチノキの花

Column

トチの実と蜜は山里の貴重な食料

木の実には動物や人に食べられないために渋みやえぐみがあるものも多い。その筆頭が栃の実だ。サポニンが多いため、クマさえも食べるのを避けると言われるほどだ。しかし、人間は一枚上手だ。山里では灰汁抜きをして冬の食料とし、トチ餅などにして食べてきた。今も、白川郷などでは栃餅がお土産として売られているが、独特の味わいがあって美味しい。また、トチの花は蜂蜜を採るにもいい。初夏に開花する白い花からはビタミンやミネラル豊富な美味しい栃蜜がとれる。

風車のような大きな葉は冬の落ち葉がよく目立つ

ホオノキ

大きな葉が枝先に輪生状につくホオノキ（東京都・奥多摩）

黄色から褐色に色づく。透過光に葉脈も映える

秋(10月中旬～11月上旬)

平滑で白っぽい樹皮だが、しばしば丸いイボ状の皮目が入る

見られる場所 **白神山地　玉原高原　奥武蔵　奥多摩　丹沢　芦生の森**など

◎モクレン科モクレン属◎落葉高木／樹高20～30m◎分布・北海道、本州、四国、九州の丘陵～山地帯◎生育環境・ブナ帯から低山まで生育するが純林は作らない

新緑の頃、やわらかな葉を風車のように大きく広げる姿はとくに美しく、初夏の森歩きを楽しむ際、注目したい樹木のひとつ。長楕円形の葉は長さ20～40㎝もあり、温帯性の落葉樹では最大級の大きさで見分けやすい。他に、同等の大きさの葉をもつ樹種にトチノキがあるが、こちらは葉の縁がギザギザしているので簡単に見分けられる。開花期、周囲に甘い香りを放つ白い花も国内の自生種では一番大きく、花径は15～20㎝ほど。このように葉も花も大きいが、意外にも大木はあまり目にしない。山中で目にするホオノキは背が高くても、幹はひと抱えくらい。そのため、冬枯れの時期は他の木々に紛れ気づきにくい。足下のカラカラに乾いた大きな落葉によって、その存在を知ることになる。

初夏に甘い匂いを広げ咲き誇るホオノキの花

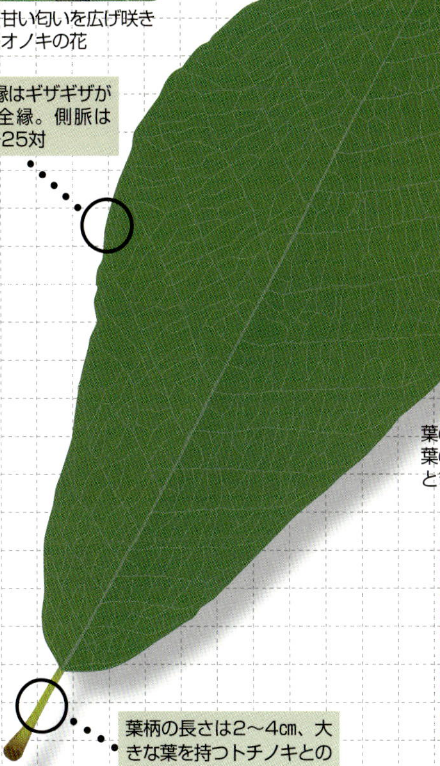

葉の縁はギザギザがない全縁。側脈は18〜25対

葉の長さ20〜40㎝。葉の付き方は枝先にまとまって付く互生

葉柄の長さは2〜4㎝、大きな葉を持つトチノキとの見分けポイント

冬枯れの森で目立つ落葉

Column

朴葉味噌と朴ノ木料理

ホオノキの葉っぱ、朴葉は昔から料理に利用されてきた。よく知られるのは飛驒の郷土料理、朴葉味噌だ。厚手の葉が火に強いため、濡らした朴葉に味噌や具材を乗せ、炭火の上に網を敷き遠火で炙れば、葉が燃えずに具材が香ばしく焼けるのだ。朴葉寿司のように、ご飯を包むのにも利用された。畑や山仕事をする人が、ご飯を日保ちする酢飯にして殺菌効果がある朴葉に包み持参したのが始まりだ。ちなみに、ホオノキの名は包む木「包ノ木」に由来するとも言われる。

ハート型の葉っぱと株立ちする「ひこばえ」に注目

カツラ

灰褐色で浅く割れ目が入る樹皮(山梨県・生藤山)

秋には黄色から褐色、ときにオレンジに色づききれい

秋(10月上旬〜下旬)

枝全体をやわらかな緑で包むような芽吹きがきれい

春(4月下旬〜5月中旬)

見られる場所　奥入瀬渓谷　奥日光　奥多摩　丹沢　上高地　芦生の森など

◎カツラ科カツラ属◎落葉高木／樹高15〜30m◎分布・北海道、本州、四国、九州の山地帯◎生育環境・山間の川や沢沿いなど水辺近くに多く生育する

沢筋を歩いていて、ひときわスラリと背が伸びた木があれば、たいていカツラかサワグルミだ。カツラは水際に多く自生する木で、湿地を好む典型的な樹種だ。日当たりの良い乾いた尾根ではまず見ることがない。一番の特徴はハート型の可愛い葉で、葉柄《ようへい》の付け根から広がるように伸びる葉脈もよく目立つ。また、葉が小枝の両側にすき間なく対に並んでいる姿は、下から透過光で見上げるときれいだ。寿命は長く、老木になると根元からたくさんの「ひこばえ(萌芽《ほうが》)」を伸ばし、株立ちするのも大きな特徴。各地に「○○の千本カツラ」という巨木があるのも、この樹型ならではの呼ばれ方だ。花は葉が出る前に咲くが、花びらがなく目立たない。秋は葉が黄色やときにオレンジに染まりきれい。

新緑の頃のカツラの葉っぱ

葉の長さは5～10㎝。
葉の付き方は対生

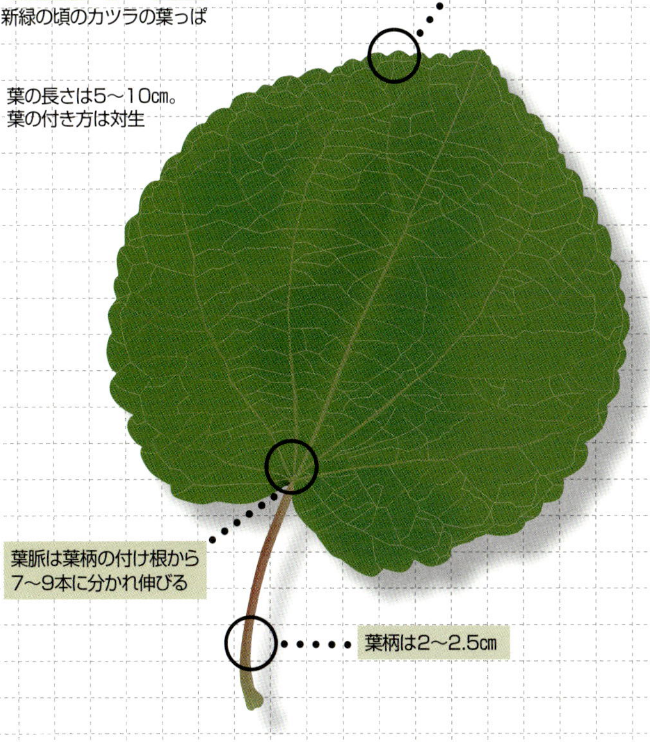
葉の縁は波形でギザギザはない、側脈は葉の縁まで伸びていない
葉脈は葉柄の付け根から7～9本に分かれ伸びる
葉柄は2～2.5㎝

Column

北海道の「森の神様」

「ひこばえ」を大きく伸ばしたカツラの老木は、他の木にはない異様さを放っている。沢筋の薄暗い谷で見ると、怨霊が宿っているようにも思え、ちょっと怖い感じすらする。しかし、北海道の天人峡へと向かう途中、忠別川から少しそれた森の中に立っているカツラ「森の神様」は趣が違った。根元から伸びる株立ちは見事だが、「ひこばえ」が多すぎず少なすぎず、そのバランスと姿が愛らしかった。降り注ぐ太陽の下で、確かに「神様だ！」と感じた。その名は、ボランティア団体が植樹を行ない見つけた際、小学生がその姿から「森の神様」と呼んだからとのこと。推定樹齢は900年、幹周は11.5m、樹高は31m。「森の巨人たち100選」（林野庁）にも選出。

沢沿いで果穂を垂らすノッポの木に注目

サワグルミ

沢沿いで背が高い姿が印象的（栃木県・根本山）

樹皮は灰色～暗灰色。若木は平滑だが、成木は縦に長く裂ける

枝先に垂れ下がった果穂が目印。葉は11～21枚の奇数羽状複葉で長さは20～45㎝。小葉は5～12㎝

見られる場所 奥入瀬渓谷　谷川岳・湯桧曽川　奥多摩　丹沢　上高地など

◎クルミ科サワグルミ属◎落葉高木／樹高15～30m◎分布・北海道、本州、四国、九州の山地帯◎生育環境・渓流沿いや沢沿いの水辺近くに生育する

その名の通り、山間を流れる渓流や沢沿いに生育し、天に向かってスーッとまっすぐ伸びた姿が印象的だ。他のクルミ科の木同様、葉は奇数羽状複葉をしているが、オニグルミなどのような硬い殻に覆われた実はならない。2個の羽をもった実がフジの花のように20～30㎝ほど垂れ下がるのが特徴だ。その姿からフジグルミとも呼ばれる。

Column 谷筋の木は高い!?

サワグルミにしてもカツラにしても、山間の谷筋に生育する木は、幹の太さの割りにスラリと背が高いものが多い。周囲を山に囲まれた状況では、日の光が差し込む時間が限られる。きっと、少しでも他の木より梢を伸ばし、朝日や西日を浴びようとしているのだろう。そんな周囲の地形・環境と木の関係を見つめてみると、樹木観察がまた楽しくなってくる。

森でひときわ目を引く橙色のツルリとした樹皮

ヒメシャラ

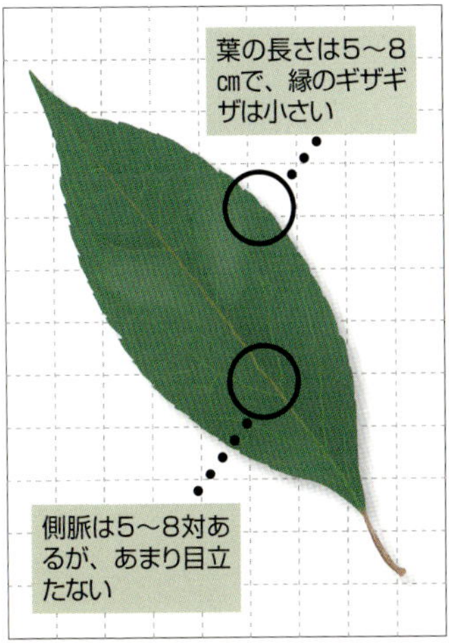
葉の長さは5～8cmで、縁のギザギザは小さい
側脈は5～8対あるが、あまり目立たない

ブナ帯の森に林立するヒメシャラ。光沢がある橙の幹は森のなかでひときわ目を引く。

ツルツルの樹皮（静岡県・天城山）

見られる場所 天城山　函南原生林　箱根　屋久島など

◎ツバキ科ナツツバキ属◎落葉高木／樹高10～15m◎分布・関東以西の本州・四国、九州の山地帯◎生育環境・主に箱根周辺の太平洋側のブナ林に混生

まるで本来あるはずの樹皮がすべて剥かれ、内皮が表れてしまったかのような橙《だいだい》～茶褐色の幹が特徴的。天城山や屋久島などを歩いていると必ず目に付く木だ。夏には同属のナツツバキに似た2cmほどの白い花をつけるが、樹高があるため気づきにくい。ナツツバキも樹皮が薄く剥がれ、老木はかなりツルリとなるが、本種ほどきれいではない。

Column

樹皮は冷んやり

屋久島の縄文杉ツアーでは、大王杉のそばでヒメシャラの木が見られると、大王に対してお姫様の木として紹介される。スベスベとした樹皮はまさにお姫様の形容にふさわしい。しかし、抱きつくと他の木に比べ、冷んやりしている。樹皮が薄いため、水分を含んだ木の内部温度が外側へと伝わりやすいからだ。森では木々に触れ、その違いを楽しむと、より木が身近に思える。

ブナ帯の低木層で白い花と丸い葉が目を引く

ムシカリ（オオカメノキ）

くぼんだ葉脈がよく目立つ葉は10～15㎝で対生につく（東京都・三頭山）

葉っぱごとに色づきを見せるムシカリの紅葉

秋（10～11月）

7～8㎜の赤い実は熟すると黒くなる

秋（9月～11月）

見られる場所 **賀老高原　白神山地　奥日光　奥多摩　丹沢　芦生の森　伯耆大山**など

◎スイカズラ科ガマズミ属◎落葉低木／樹高2～5m◎分布・北海道、本州、四国、九州の山地帯◎生育環境・深山やブナの森に幅広く生育

ブナの森でごく一般的に目につく低木。その名は葉を虫が好むことからムシカリ（虫狩）となった。樹高が低いため、開花期はちょうど目線に白い花が飛び込んで来るためよく目立つ。花は周囲に白い装飾花をつけ、中心に両生花がある。丸みを帯び細かく葉脈が入る葉は亀の甲羅を思わせ、オオカメノキとも呼ばれる。秋には赤い実をつける。

Column

信号みたいな紅葉!?

秋、ムシカリは他の樹種よりも一足早く紅葉を迎える。しかも、はじめのうちは1枚の葉っぱのなかでも、徐々に色づいてくるため、葉脈ごとに色づきが違いモザイク模様を展開することがありきれいだ。また、太陽の当たり具合などにより、まだ緑の葉、赤く色づいた葉、黄色い葉なども見られる。それが横一列に並ぶと、まるで森で見つけた信号機のようで面白い。

4枚の白い総苞が手裏剣のように広がる

ヤマボウシ

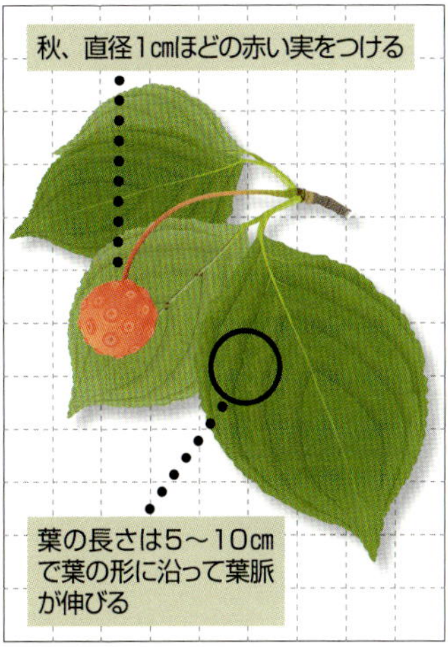
秋、直径1cmほどの赤い実をつける
葉の長さは5～10cmで葉の形に沿って葉脈が伸びる

総苞は白い手裏剣のよう（平庭高原）

別名、アメリカヤマボウシのハナミズキ。花の縁が丸く凹んでいる。

春(4月～5月)

見られる場所 平庭高原　磐梯山　奥日光　丹沢　天城山　芦生の森　伯耆大山など

◎ミズキ科ヤマボウシ属◎落葉小高木～高木／樹高5～10m◎分布・本州、四国、九州の山地帯◎生育環境・ブナ林から高原、丘陵のやや湿った地に生育

ブナ林や高原の湿気の多い地で、初夏、白い花をたくさん広げている姿が印象的だ。白く見えるのは実は総苞《そうほう》で、花はその中心にある緑の部分。その名は白い頭巾をかぶった山法師を連想させることから。葉は北米からの帰化植物のハナミズキによく似ているが、こちらは山上には自生していない。秋には甘みのある赤い果実をつけ、食べられる。

Column ハナミズキとの違い

最近は、ヤマボウシも公園などで植栽されており、一見、花の感じがよく似たハナミズキと混同しやすい。しかし、よく見ると違いは多い。まず、ヤマボウシの総苞は先がとんがり、４枚並んだ姿は白い手裏剣のようだが、ハナミズキは縁が丸くさらに凹んでいる。また、ヤマボウシは葉が先に開くが、ハナミズキは開花が先で、葉が芽吹く頃には花は散り出してしまう。

第2章

コナラやアカマツ
低山の雑木林

健康ブームから山歩きを楽しむ人が増えている。公園や里山ウォーキングから低山ハイキングへと舞台を移せば、そこには緑豊かな森が広がり、森林浴が楽しめる。2章では、ブナやミズナラの森から一段標高が下がった、コナラやクヌギ、イヌシデなどの広葉樹にアカマツやモミといった針葉樹が混生する低山の雑木林に生育する木々を紹介しよう。関東周辺では高尾山や奥多摩、奥武蔵などの標高約1000m以下の山域に、関西周辺では標高700～800m以下の六甲や北《ほく》摂《せつ》、芦生《あしう》などに広がる。また、同じ山域には自然林ではないが、スギやヒノキも多く植林されているので、それらについても合わせて紹介したい。なお、種類が多いツツジ類は6章にまとめた。

コナラやシデが芽吹き、サクラが咲く雑木林（栃木県・三毳山《みかも》）

赤っぽい葉と花が一緒に芽吹くヤマザクラ

武蔵野の原風景を演出する大樹に育つケヤキ

細かい側脈が目立つ芽吹いたばかりのイヌシデ

初夏〜夏を彩るアジサイ。花の色も注目したい

秋、林床にはさまざまなドングリが落ちている

天然杉は少ないが、国内で一番高くなるスギ

葉柄があるギザギザ葉っぱと小粒のドングリ

コナラ

コナラの雄花

人里近い山野で最も多く目にする落葉広葉樹のコナラ（埼玉県・東松山市）

芽吹いて間もない、産毛が目立つコナラの葉
春(4月中旬～5月上旬)

樹皮は灰褐色で縦に不規則な割れ目が入る

見られる場所 **筑波山　奥武蔵　奥多摩　丹沢　芦生の森　六甲山**など

◎ブナ科コナラ属◎落葉高木／樹高15～20m◎分布・北海道、本州、四国、九州の丘陵～山地◎生育環境・山野の日当たりのよいところに生育する

関東周辺の雑木林ではクヌギやイヌシデとともに最も一般的に見られる主役の木だ。昔は伐採後も切り株から再び芽生え、しかも成長が早いので、薪や炭材に利用されてきた。ミズナラが生育し出す境界付近では、葉のギザギザの具合が似ており見間違えやすいが、コナラには1㎝ほどの葉柄《ようへい》がある。注目時期は芽吹き時。若葉がベルベットのような産毛に覆われており、それに陽がさすと銀色に輝ききれい。春先の芽吹き間もないコナラ林は淡い灰緑色に包まれ独特の色をしている(p27写真参照)。また、芽吹きに合わせて垂れ下がる緑色の雄花もよく目立つ。夏は、幹から樹液をよく出しカブトムシなどが集まる。秋は葉が褐色から黄色、ときに赤くなる。楕円形のドングリもたくさんなる。

赤く色づき始めた葉っぱ

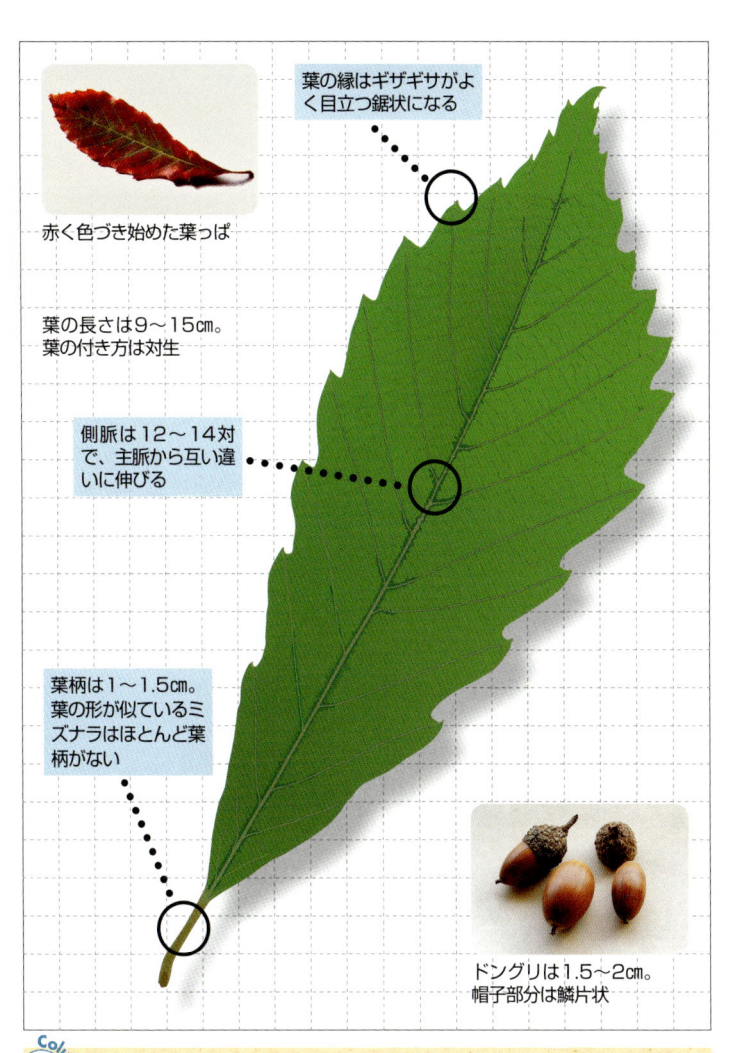

葉の長さは9～15cm。
葉の付き方は対生

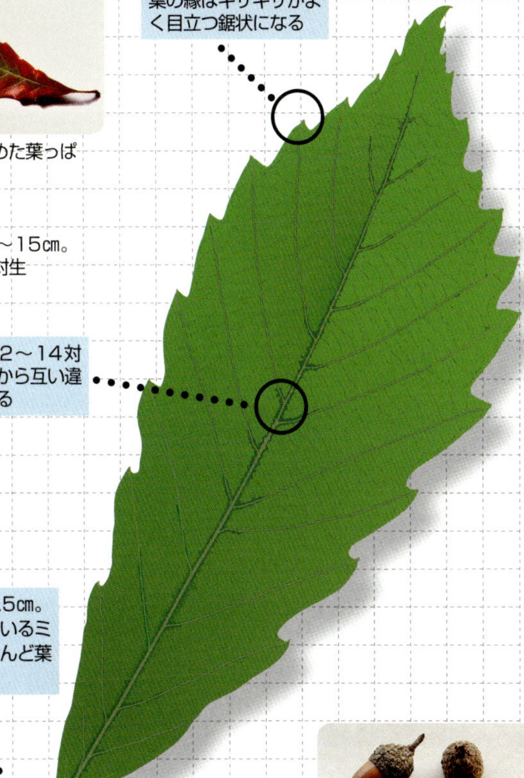
葉の縁はギザギザがよく目立つ鋸状になる
側脈は12～14対で、主脈から互い違いに伸びる
葉柄は1～1.5cm。葉の形が似ているミズナラはほとんど葉柄がない

ドングリは1.5～2cm。
帽子部分は鱗片状

Column ドングリから育てよう

秋、雑木林ではドングリがたくさん落ちている。しかし、それらが芽生え、成木まで育つのは少ない。ドングリ拾いを楽しんだら、実生から育ててみるのも面白い。庭に直接植えると、数年後にはけっこうな大きさになり管理できなくなるが、植木鉢なら適度な大きさ以上にはならない。ドングリは写真のような感じで芽生える。つまり、ドングリは縦に埋めず、横に置き少しだけ土をかけておくとよい。春に葉が広がると感動的だ。また、ドングリの盆栽もなかなか可愛い。

細長いギザギザの葉っぱとまん丸のどんぐり

クヌギ

秋を前にドングリが大きくなってきたクヌギ（埼玉県・東松山市）

緑を深めた盛夏の葉はけっこう光沢がある
夏(7月～8月)

直立することが多く、成木は30m近くにも大きくなり立派

見られる場所　筑波山　奥武蔵　奥多摩　丹沢　芦生の森　六甲山など

◎ブナ科コナラ属◎落葉高木／樹高15～30m◎分布・本州（秋田～岩手県以南）、四国、九州の丘陵～山地◎生育環境・人里近い山野に広く生育する

昔からシイタケのほだ木や炭、薪などに利用されてきた里山には欠かせなかった木。秋にはまん丸のドングリがなり、子どもたちにも人気がある。コナラと混生することが多く、遠目には似た印象があるが、近づいてみると違いは一目瞭然。まず、葉が細長く、葉の縁はトゲ状になっている。葉はむしろクリに似ている。ただし、それも葉のトゲ部分を見ると見分けられる。クヌギのトゲは色が抜け薄黄色から褐色だが、クリは葉と同じ緑色だ。春のクヌギの雄花も特徴的だ。葉の芽吹きに先立ち開き、長さは7～8㎝。少し褐色がかった黄緑で、正直きれいではない。昔の洋画に出てくる柄に直接ついたモップの穂先、しかも、すり切れ使い古した感じで枝に引っかかっているように見え面白い。

使い古しのモップが小枝に引っかかったような花

葉の長さは10～18㎝。
葉の付き方は互生

葉の縁はギザギザの鋸状。先端は褐色で針状に2～3㎜突き出る

側脈は12～16対

葉柄は1～2㎝

樹皮は縦に深い裂け目ができ、裂け目の底は赤みを帯びる

Column

ドングリの帽子も面白い

ドングリはつい実にばかり目が向いてしまうが、帽子(殻斗《かくと》)部分にも注目してみると面白い。クヌギの帽子(写真)はまるで、子どもが書く太陽のように回りのイガを伸ばしており、それ自体小さなオブジェのようだ。細かく観察すると、ドングリが木から養分を得ていた際、繋がっていた維管束の跡が丸く見える。クヌギに限らず、帽子部分を観察すると見分けポイントにもなる。まずは横縞タイプ、鱗片タイプ、イガタイプ、殻斗が割れるタイプなどをチェック！

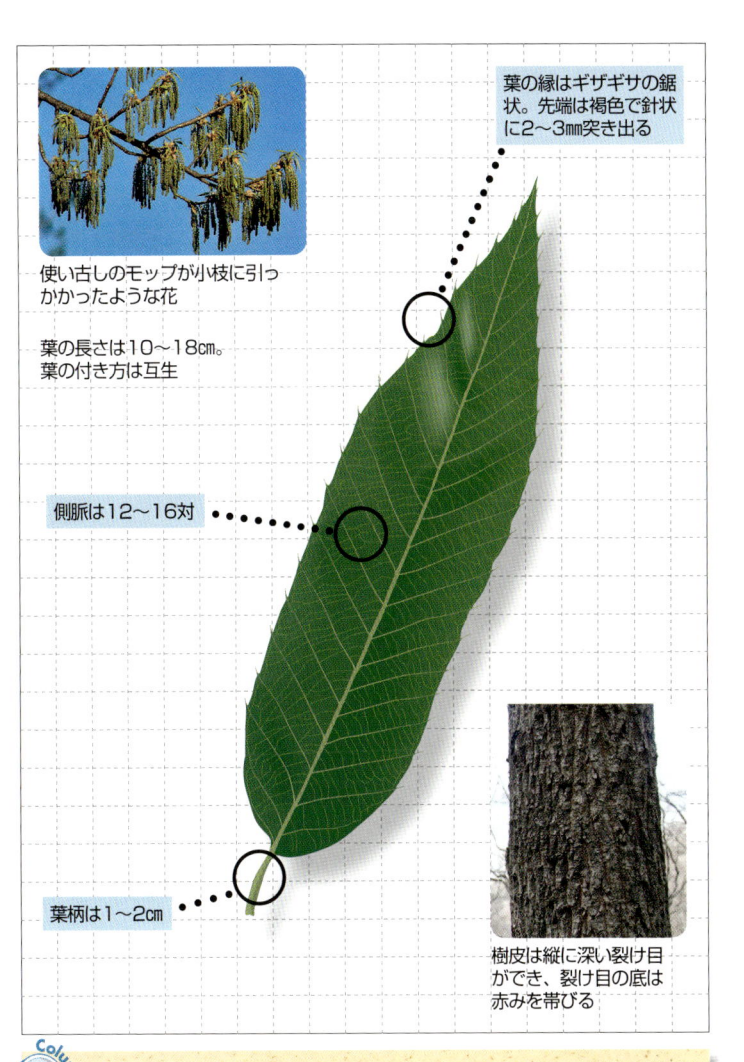

樹皮の白い縦縞と春一番の毛虫のような花

イヌシデ

雑木林で春一番に花を咲かせる落葉高木のひとつ（埼玉県・行田市）

名の由来になった四手のような形をした緑の実

初夏(6～7月)

灰褐色の樹皮に白い筋が縦に伸びよく目立つ

見られる場所　**筑波山　奥武蔵　奥多摩　丹沢　芦生の森　六甲山**など

◎カバノキ科クマシデ属◎落葉高木／樹高10～15m◎分布・本州（岩手県以南）、四国、九州の平地～山地◎生育環境・里の雑木林から山地まで広く生育する

里山の雑木林や山間の尾根道などを歩いていて、灰褐色の樹皮に白い縦縞が目立つ高木があったら、まずはイヌシデを考えてみてよい。シデの仲間には、本種の他に、アカシデ、クマシデなどがあるが、なかでもとくに白い縦縞が目立つ。ちなみに、「シデ」という名は、実がしめ縄に下げられる白い紙飾り「四手《しで》」に似ていることからだ。初夏の頃は緑色の、秋には褐色の果穂が枝先に見られる。花も特徴的だ。とくに、葉が開ききる前に、一斉に開き、一斉に散る雄花は、芽吹き直後の雑木林ではじめに目を引く。散った雄花が根本に溜まっていると、まるで毛虫がウジャウジャと固まっているように見えるほど。葉は誰もが考える葉っぱらしい形だが、葉の表面に毛が多いのが特徴だ。

毛虫がぶら下がったような花

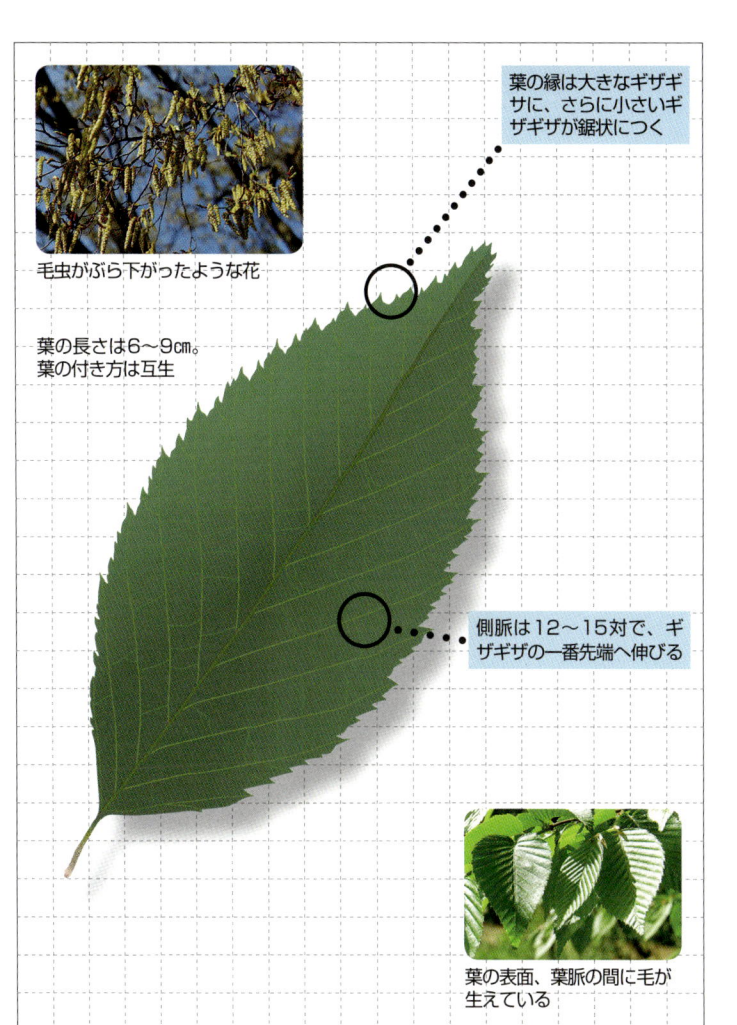

葉の長さは6～9㎝。
葉の付き方は互生

葉の縁は大きなギザギザに、さらに小さいギザギザが鋸状につく

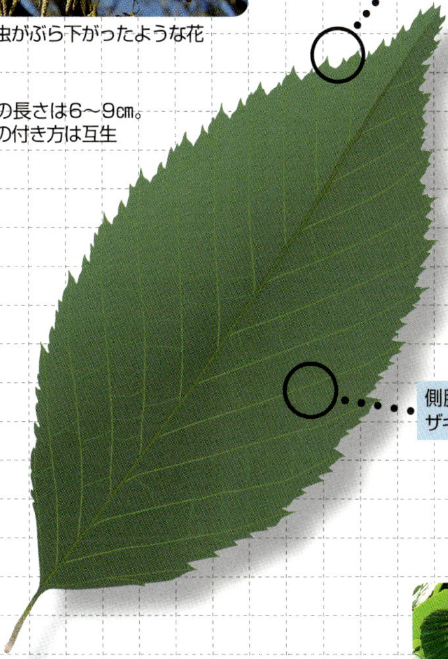

側脈は12～15対で、ギザギザの一番先端へ伸びる

葉の表面、葉脈の間に毛が生えている

Column

シデの仲間を見分けよう！

イヌシデ、アカシデ、クマシデをまとめて一般に「シデ」と呼ぶが、実際、3種は葉や樹皮の感じが似ている。見分け方として、まず、葉が大きい順にクマシデ、イヌシデ、アカシデとなる。とくに、クマシデは他の2種の1.5～2倍近くあり、側脈も20対以上もあるので見分けやすい。アカシデはイヌシデより幹が全体にゴツゴツしている。他にも、シデの仲間には、沢沿いに多いサワシバもある。こちらの果穂(写真)はビールの原料ホップにそっくり。

街路樹でもお馴染みの扇型の姿が美しい落葉樹

ケヤキ

秋、赤褐色に染まったケヤキ（埼玉県・丸山）

細かく枝分かれをすることで美しい扇形を描き出すケヤキ

初夏(5月〜6月)

樹皮は若木のうちは平滑だが、成木になると樹皮が剥げ落ち、幹に斑模様を描き出す

見られる場所 仙台・青葉山　奥多摩　奥武蔵　箱根　芦生の森　六甲山　伯耆大山など

◎ニレ科ケヤキ属◎落葉高木／樹高20〜30m◎分布・本州、四国、九州の平野から丘陵◎生育環境・川沿いや沢沿いの湿り気のある肥沃地に生育

数ある落葉広葉樹のなかでも、樹形の美しさは一番といってよい。ちょうど箒《ホウキ》を逆さにしたように扇形に広がる枝振りが見事だ。街路樹や公園樹として植栽されることが多いが、本来は川沿いや谷筋の湿った肥沃地に見られる。山野ではコナラやクヌギなどに混成し枝を広げている。日本の落葉広葉樹では最も背が高くなり、まれに40mに達する。寿命も長く、幹の直径が4mになる巨木もある。樹皮は灰褐色だが、樹齢を重ねると鱗片状に剥がれ、内側から赤っぽい斑模様や波目模様を見せる。葉は先端がスーッと伸び、秋は黄色や茶褐色、さらに赤っぽく色づく。花は咲かないと思われるほど小さいが、春に2〜3㎜の緑色の花を葉の付け根に咲かせる。秋には3〜4㎜の小さな種をつける。

新緑の頃のケヤキの葉っぱ

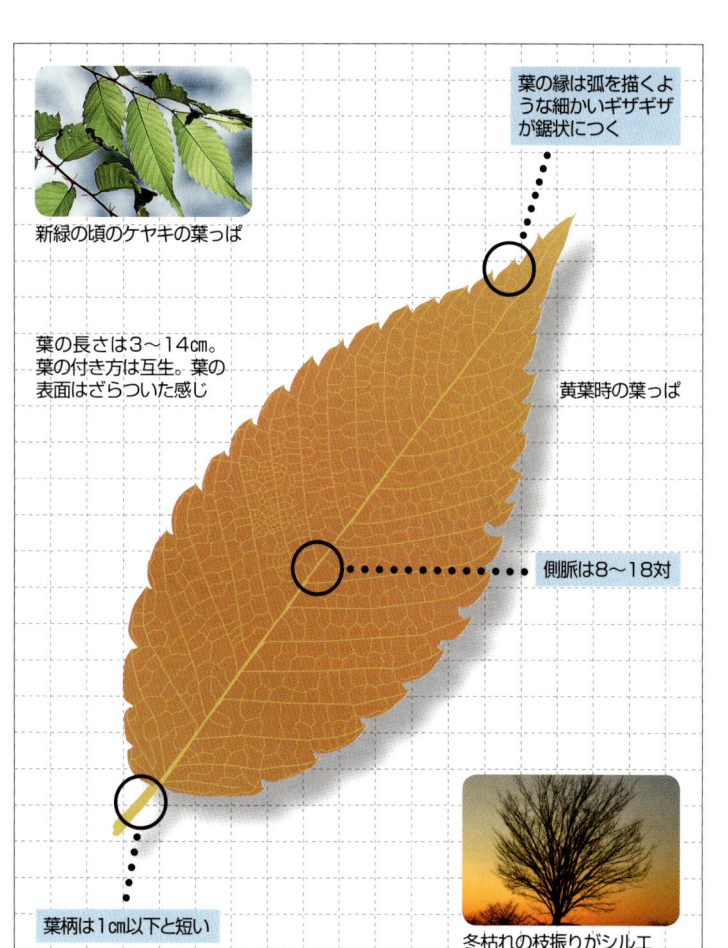

葉の縁は弧を描くような細かいギザギザが鋸状につく

葉の長さは3～14㎝。葉の付き方は互生。葉の表面はざらついた感じ

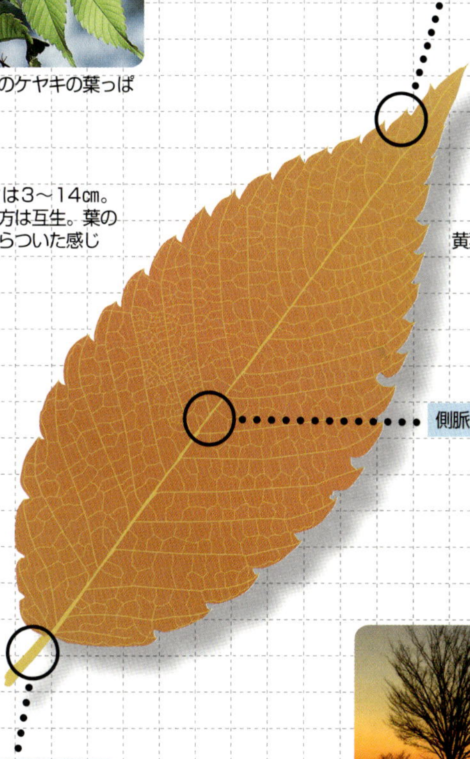

黄葉時の葉っぱ

側脈は8～18対

葉柄は1㎝以下と短い

冬枯れの枝振りがシルエットとなり夕景に映える

日本一のケヤキと街路樹としての弊害

山形県東《ひがし》根《ね》市立東根小学校の庭にある「東根の大ケヤキ」(写真)は、樹高28m、幹周16m、樹齢1500年以上。ケヤキでは日本一だ。間近で見る迫力はまさに桁違い。すぐ脇には校舎が建ち、子どもたちはいつも窓からこのケヤキを見ているのかと思うと羨ましい。きっと少年時代の心象風景として残り、心豊かに育つだろう。一方、ケヤキは緑陰が豊かで成長が早いことから街路樹によく使われてきた。大きなケヤキ並木は緑のトンネルを抜ける心地よさがある。しかし、植栽から数十年がたち、近年は枝が車の運行に支障を来すこともあり、剪定の際の問題にもなっている。結果、最近はケヤキの並木採用は逆に敬遠されるという。何とも人間は身勝手……。

赤みある若葉と一緒に花を咲かせる尾根を彩るサクラ

ヤマザクラ

山野に春の訪れを演出するヤマザクラ（東京都・奥多摩）

赤みを帯びた若葉と花が一緒に開くのが特徴

春(3月末〜4月)

褐色の樹皮に横長の皮目が入る。磨くと光沢が出、樺細工に利用される

見られる場所 **磐梯山　筑波山　日光　奥多摩　丹沢　吉野山　六甲山**など

◎バラ科サクラ属◎落葉高木／樹高15〜25m◎分布・本州（宮城・新潟県以南）、四国、九州の山地帯◎生育環境・山上の尾根沿いなどに生育する

日当たりが良い山の斜面や尾根沿いに見られる野生のサクラの代表。花が先に咲くソメイヨシノのような華やかさはないが、山上の春を祝うように花を咲かせる姿が美しい。一番の見分けポイントは赤みを帯びた葉が開花に合わせて芽吹くこと。花の色は薄紅色から白いものまで、木によりばらつきがあるが、それがまた春の山の彩りに変化を与えてくれる。樹皮は若いうちや細い枝は赤紫色を帯びた褐色でツルツルとして光沢がある。また、横長の皮目が入るのも特徴の一つで、昔から樹皮を茶筒などの樺細工に利用してきた。葉はサクラ類の特徴でもある蜜腺が葉柄にあり、秋は赤や朱、黄色に色づききれい。似た種のオオヤマザクラは北日本の山間に多く、花が大きく花びらのピンクも濃い。

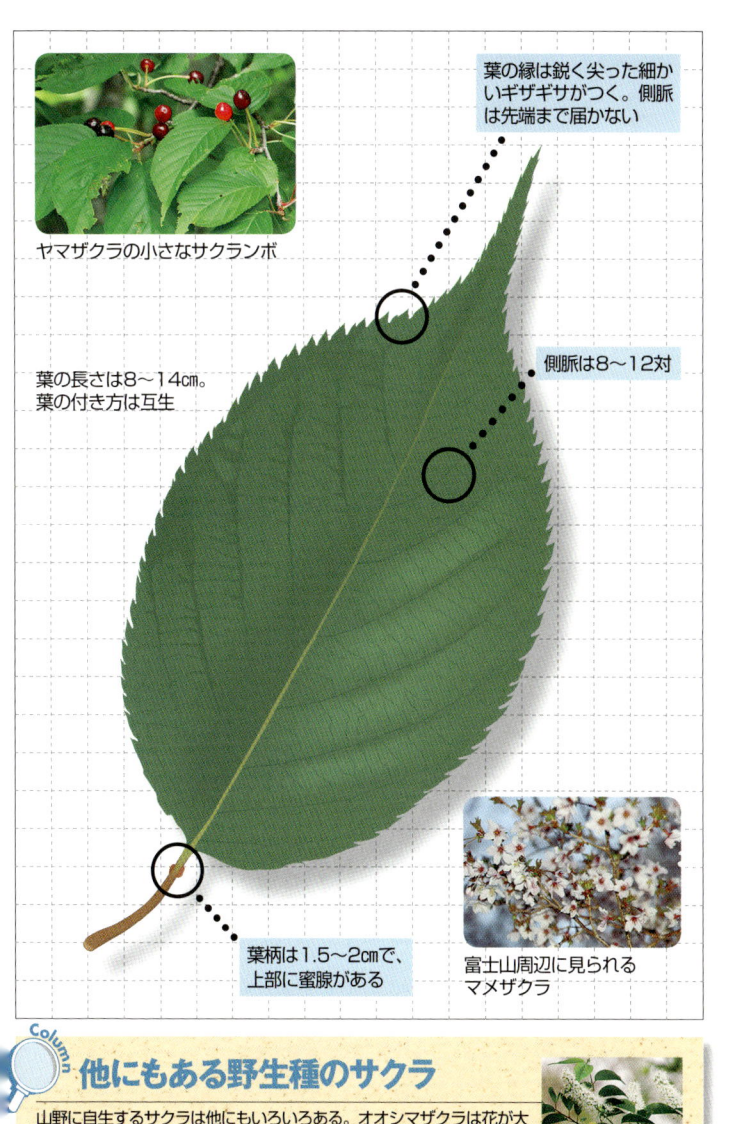

ヤマザクラの小さなサクランボ

葉の縁は鋭く尖った細かいギザギザがつく。側脈は先端まで届かない

葉の長さは8～14㎝。葉の付き方は互生

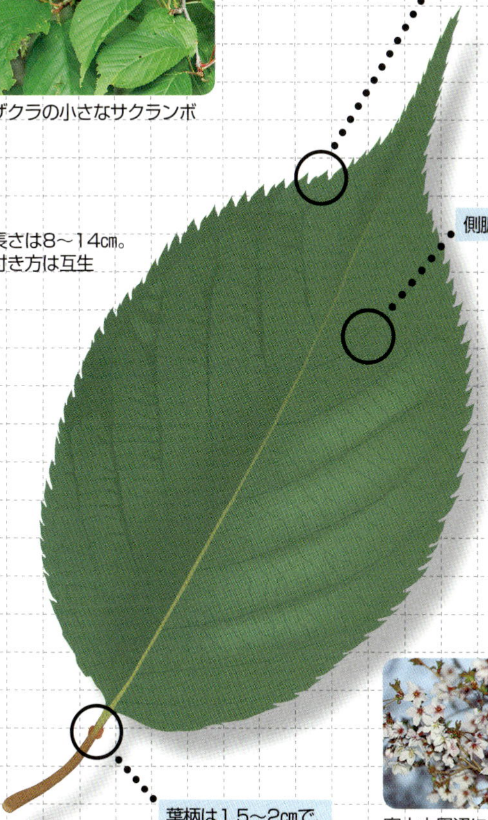

側脈は8～12対

葉柄は1.5～2㎝で、上部に蜜腺がある

富士山周辺に見られるマメザクラ

Column

他にもある野生種のサクラ

山野に自生するサクラは他にもいろいろある。オオシマザクラは花が大きく見栄えがするので公園などにも多く植栽されるが、本来は伊豆大島や伊豆方面に多い。葉は芽吹き時から鮮やかな緑で、塩漬けにした葉は桜餅に利用される。マメザクラはその名の通り花も葉も小さいが、富士山周辺に多く見られるため「フジザクラ」の名でも親しまる。同じサクラ属でもサクラらしくないのがウワミズザクラ(写真)。遠目には白い房状に見えるが、個々の花はサクラの形をしている。

階段状に張り出した枝に白い花をつける姿に注目

ミズキ

赤い柄に黒い実がつく

白い花が段々に重なり咲く（神奈川県・丹沢）

葉の縁は滑らかで、側脈が5～9対。葉の大きさは5～15㎝。葉のつき方は互生

樹皮は全体に白っぽく細い縦筋。老木になると浅い裂け目も入る

見られる場所 白神山地　奥利根水源の森　奥多摩　丹沢　芦生の森　六甲山など

◎ミズキ科ミズキ属◎落葉高木／樹高10～20m◎分布・北海道、本州、四国、九州の丘陵地から山地◎生育環境・谷沿いなどの水分条件のよい地に生育する

初夏、山野を歩いていると、谷筋の傾斜地などで階段状に白花を付けている姿が目を引く。枝が1年ごとに輪生《りんせい》状に広がるからだ。そのため、開花期に斜面の上から下に咲くミズキを見ると、木全体に花が咲いているようで見事。葉はミズキ科の特徴を表し、葉の形に沿うように側脈が伸びる。名は樹液が多く、春先に切ると水が滴ることから。

Column

クマノミズキ

よく似た木にはクマノミズキがある。三重県の熊野地方に多く生育することから付いた名だが、主に近畿以西に生育する。ミズキとの違いは葉が枝の両側に並んでつく対生であること、また、花期が1カ月くらい遅いことでも見分けられる。ミズキ同様、谷沿いなどの水分が多い地に生育している。葉はミズキよりも細長いが、葉の形に沿って伸びる側脈の感じは似ている。

初夏に咲く白い鈴なりの花と丸い実がよく目立つ

エゴノキ

花径は1.5～2㎝ほどで花びらは５枚(埼玉県・東松山市)

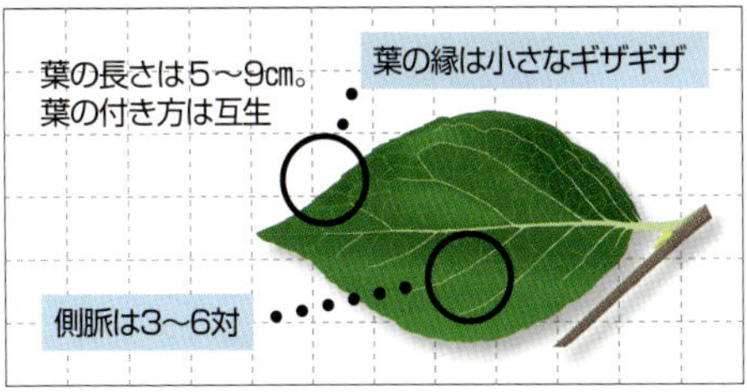

葉の長さは5～9㎝。
葉の付き方は互生
葉の縁は小さなギザギザ
側脈は3～6対

長い柄の先に丸い実が
揺れる姿が愛らしい
夏(6～7月)

見られる場所 **筑波山　奥武蔵　奥多摩　丹沢　六甲山　開聞岳など**

◎エゴノキ科エゴノキ属◎落葉小高木／樹高７～15m◎分布・北海道日高地方、本州、四国、九州、沖縄◎生育環境・低山や雑木林の縁に広く生育する

広く雑木林に見られる代表的な木だが、コナラなどに比べ背が低いため、林内よりも陽が浴びやすい雑木林の縁によく生育する。初夏には白い花をたくさん垂らし見事。花のあとには灰緑色の実がなる。この実がえぐい(えごい)ことから、エゴノキと名がついた。秋には実が割れ、ドングリ状の黒い種子が出てくる。樹皮は黒みがかりなめらか。

Column

かつての実の利用法

エゴノキの実は果皮にたくさんのサポニンを含んでおり、噛れば、すぐに吐き出したくなるほどえぐい。しかし、そんな実もかつては石鹸代わりに利用されていた。また、地方によってはこの果皮などをすりつぶして、川に流す魚とりにも使われた。現在、こうした漁は禁じられているが、果皮に含まれるエゴサポニンに麻酔効果があり、魚が浮き上がってきたそうだ。

夏の林野を鮮やかに彩る在来種のアジサイ

アジサイ各種

最近は山上でも植栽され目にするガクアジサイ（東京都・御岳山）

白っぽい花が多く見られるヤマアジサイ

夏(6月〜7月)

山野にひっそりと咲く装飾花がないコアジサイ

夏(6月〜7月)

見られる場所 賀老高原　白神山地　磐梯山　奥多摩　丹沢　六甲山　伯耆大山など

◎ユキノシタ科アジサイ属◎落葉低木／樹高１～２ｍ◎分布・樹種により違うが、北海道～九州の山野◎生育環境・樹種により海岸から暖地、山間までさまざま

梅雨から夏の林野を彩る低木に欠かせないのがアジサイの仲間。ここでは栽培種でない山野に自生するアジサイについて紹介。装飾花が両生花を縁取るように咲く姿が目を引くガクアジサイは、近年、山上の散策路などにも植栽され広く見られるが、本来は房総半島や三浦半島など海岸縁に生育。同じように装飾花と両生花からなるヤマアジサイは主に太平洋側に生育し、花は白っぽいものが多い。一方、エゾアジサイは日本海側の雪の多い山間に咲いており、花の色は鮮やかな青色が目を引く。タマアジサイはその名の通り、蕾が丸い玉状になっており、開くと装飾花が白く、両生花がピンクや青色をしていてきれいだ。コアジサイは装飾花はないが、秋は厚手の葉が鮮やかな黄色になり美しい。

タマアジサイ

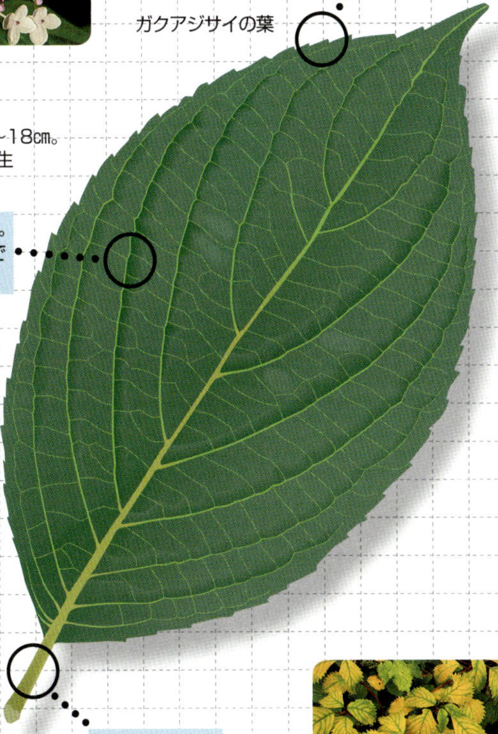

ガクアジサイの葉
葉の縁のギザギザは
粗く、葉先がすっと
尖っている
葉の長さは10～18㎝。
葉の付き方は対生
側脈は5～8対。
葉脈は薄黄緑で
よく目立つ
葉柄は1～4㎝

黄葉がきれいなコアジサイ

Column

花の色は大地の色、アジサイ七変化!?

アジサイは七変化といわれるほどに花の色が違う。よく言われるのは生育環境によって色が違うということだ。土壌が酸性だと青く、アルカリ性だと赤くなるとされている。ちなみに、日本の土壌は多くが酸性であるため、青いアジサイが多いそうだ。なかでも、エゾアジサイ(写真)の装飾花はとくに青みが鮮やかで美しい。また、アジサイは成長過程でも色が変わることが多い。咲き始めは白や青っぽくても、咲き終わりには赤みが入りピンクや紫になったり、まさに七変化！。

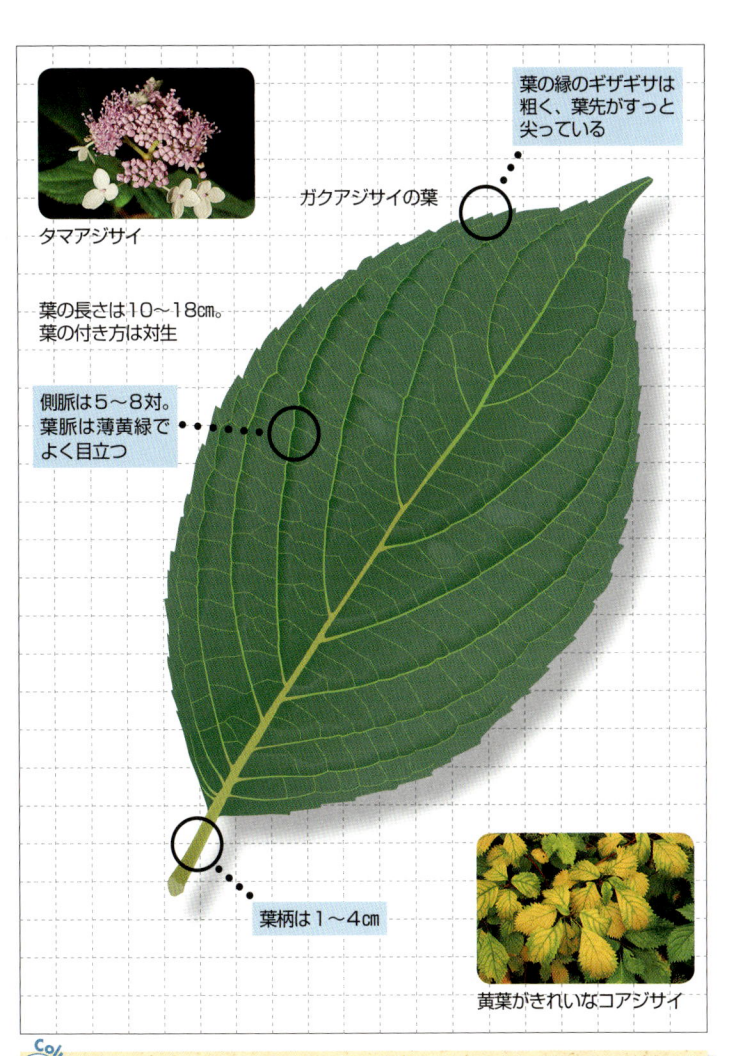

卯の花で知られる初夏を彩る白い花

ウツギ

株立ち状で長い枝を広げ花を咲かせる（神奈川県・丹沢）

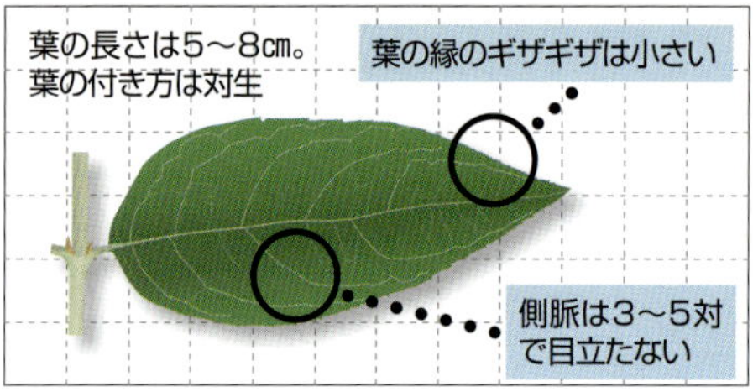
葉の長さは5～8㎝。
葉の付き方は対生
葉の縁のギザギザは小さい
側脈は3～5対
で目立たない

中空になっている枝の断面。樹皮は茶褐色で不規則にはがれる

見られる場所 奥武蔵　高尾山　奥多摩　丹沢　芦生の森　六甲山など

◎ユキノシタ科ウツギ属◎落葉低木／樹高1～2m◎分布・北海道、本州、四国、九州の山野◎生育環境・斜面や道ばたの日当たりのよい場所に生育

5月中旬から6月頃、山野を歩いていると、日当たりのよい林道沿いや斜面で普通に見られる低木。昔から「卯の花」として親しまれる通り、卯月《うづき》(陰暦4月)に、5枚の花びらをもつ白いたくさんの花を咲かせる。また、漢字では「空木」と書くが、実際、枝を切ってみると、髄が中空になっている。葉は裏表ともざらついた手触りをしている。

Column

ウツギとは名がつくが……

ウツギの仲間には、他にもマルバウツギやヒメウツギなど「ウツギ」と名がつくものが多い。ノリウツギ(写真)もと思うかも知れないが、実はこちらはアジサイの仲間。実際、花もアジサイのような装飾花と両生花をつける。

大きな雌しべが目に付くピンクの漏斗《ろうと》型の花

タニウツギ

花から飛び出した雌しべが目を引くタニウツギ（福島県・安達太良山）

花の赤みが強いヤブウツギは本州の山梨県以西に生育する

初夏(5～6月)

花が白、ピンク、赤へと変化するハコネウツギは庭木にも人気

初夏(5～6月)

見られる場所 **白神山地　安達太良山　尾瀬　丹沢　芦生の森　六甲山　伯耆大山**など

◎スイカズラ科タニウツギ属◎落葉低木／樹高2～5m◎分布・北海道、本州の主に日本海側、四国、九州の丘陵から山地◎生育環境・日当たりのよい地に生育する

新緑の低山から山野を歩いている際、日当たりのよい林縁などで漏斗型のピンク色の花で目を引きつけるのがタニウツギだ。一番の特徴は、５つに分かれた花びらから飛び出したよく目立つ丸い雌しべ。葉は５～10㎝で縁には細かいギザギザがあり、枝に対生につく。よく似たヤブウツギは太平洋側に多く、花の色の赤みが強いのが特徴。

Column

２色の花をもつウツギ

漏斗型の花がタニウツギに似ている種にハコネウツギやニシキウツギがある。最近は庭木としても人気があり、公園などでも目にする。人気の理由は、両者とも１本の木に白とピンクの花を咲かせるからだ。なお、花ははじめから２色で咲くわけではなく、咲き始めが白、徐々にピンクや赤と色を変えていく。ちなみにハコネウツギは箱根と名が付くが箱根には少ないそうだ。

山間で目を引く斑に剥がれる樹皮と白い花

リョウブ

枝先にまとまって付いたリョウブの蕾（埼玉県・奥武蔵）

美しさが際だつ、芽吹いてすぐのリョウブの若葉

春(4月～5月)

樹皮が斑にはがれ褐色や肌色を帯びる幹は山野で目を引く存在

見られる場所 磐梯山　日光　奥多摩　丹沢　六甲山　伯耆大山など

◎リョウブ科リョウブ属◎落葉小高木／樹高8～10m◎分布・北海道（南部)、本州、四国、九州の山地帯◎生育環境・日当たりのよい尾根沿いなどに生育する

山の尾根道などを歩いていて樹皮がまだらに剥がれている茶褐色の幹が目に飛び込んできたらリョウブの可能性が高い。葉は長さ8～13㎝で、縁は細かいギザギザ。葉先に近い部分が広がっているのが特徴の一つで、枝先にまとまって互生する。白い花は穂状に集まって咲き甘い香りがする。他の花が終わる夏にかけて開くのでよく目立つ。

Column

芽吹きに注目！

春先、リョウブは他の高木の芽吹きに先がけて葉を広げ始める。その芽吹きがとてもきれい。テカテカとしたやわらかな若葉は空に向かって広がり、葉の縁は赤みを帯びている。それに陽が差し込むと、葉脈が映えまるで作り物のような美しさだ。ちなみに、食糧難の頃はこの新芽を炊き込んで「リョウブ飯」にして食べたそうだ。塩ゆでにしても美味しいらしい。

冬枯れの山上で緑を失わず白い壺型の花を咲かせる

アセビ

白い花を鈴なりに咲かせたアセビ（埼玉県・寄居町）

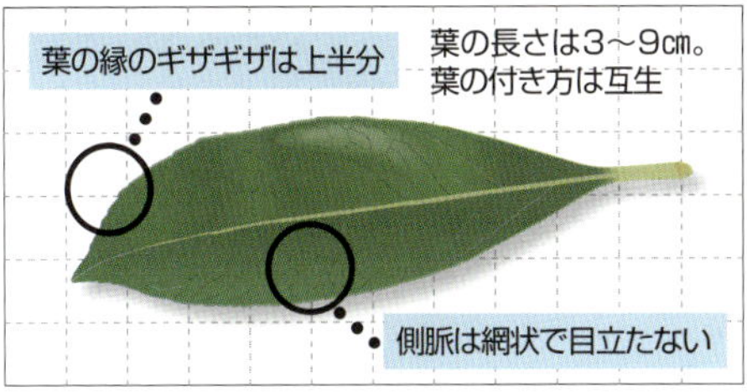

葉の縁のギザギザは上半分
葉の長さは3～9㎝。
葉の付き方は互生
側脈は網状で目立たない

クネクネと曲がった幹が大きく伸びた天城山のアセビ群落

見られる場所 **奥多摩　高尾山　丹沢　天城山　芦生の森　六甲山**など

◎ツツジ科アセビ属◎常緑低木／樹高1.5～4m◎分布・本州（山形県以南）、四国、九州の山地◎生育環境・やや乾燥した日当たりのよい尾根上に生育

まだ芽吹きには早い冬枯れの尾根上や日当たりのよい斜面で、ドウダンツツジにも似た白い壺型の小さな花がビッシリ咲いている低木に出会ったならアセビだ。樹高はふつう1.5m～2mほどだが、天城山ではこれが同じアセビかと思うほど大きく4mほどになる。冬でも枯れない常緑樹なので、公園樹や庭木などにも多く植栽されてる。

Column

馬酔木でアセビ

アセビは漢字で「馬酔木」と書く。馬が葉を食べれば酔ったように苦しむ木ということから、当て字にされたものだ。実際、葉にはアセボトキシンと呼ばれる有毒物質が含まれているため、多くの草食ほ乳類は食べるのを避けるそうだ。そのため、放牧が行われている牧場などにはけっこうアセビが残されている。また、アセビは、昔、枝葉を煎じて殺虫剤にも使われていた。

尾根筋で梢を伸ばす赤褐色の幹をした二葉松

アカマツ

亀甲模様が見事なアカマツ（栃木県・根本山）

春先、新枝にたくさんの雄花をつけた二葉のアカマツ

春(4月～5月)

樹皮が重なり網目模様を見せるアカマツの若木。幹の上部は樹皮が剥げて赤みが強い

見られる場所 **筑波山　奥武蔵　奥多摩　丹沢　青木ヶ原樹海　芦生の森　六甲山**など

◎マツ科マツ属◎常緑高木／樹高20～30m◎分布・北海道南西部、本州、四国、九州の丘陵～山地◎生育環境・日当たりのよい乾燥地に生育する

日当たりのよい尾根などに生育する典型的な陽樹《ようじゅ》で、その名の通り、樹皮は赤褐色～赤灰色で古くなると亀甲状に割れる。葉は二葉で、春先、新枝の先端に雌花を1～2個、付け根付近に小さな玉子型の雄花をたくさんつける。山麓の平坦地などに生育するアカマツは他の針葉樹同様、まっすぐ幹が伸びるが、岩場などの厳しい環境では幹が曲がり、枝も横に大きく広がり見事な造形美を展開。他のよく似た二葉《によう》松《しょう》にクロマツがあるが、こちらは樹皮が灰黒色で亀甲状になり、海岸域などに多く見られる。見た目にはほとんど同じに見える葉だが、葉の先端で肌を突いてみるとその違いははっきりする。アカマツは痛くないが、クロマツはチクチクと痛い。両者を比べてみるとどこまでも対照的だ。

日当たりの良い尾根筋に
群落を見せるアカマツ

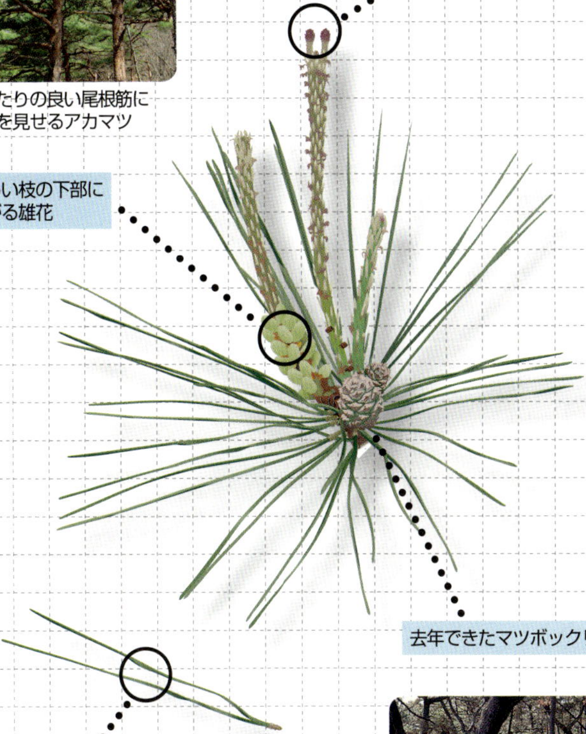

新しい枝先に赤っぽい
雌花を2〜3個つける
新しい枝の下部に
群がる雄花
去年できたマツボックリ
松葉は2本。長さは7〜12㎝。
葉の先端は痛くない

樹皮が黒っぽいクロマツ

Column

マツボックリで天気が分かる!?

植物は自然や気象条件などと密接に関係し、花を咲かせたりする。マツボックリも天気によって傘が開いたり閉じたりする。たまに牛乳瓶などにマツボックリが入れてあり、どうやったのかと思ったことはないだろうか。方法は簡単。水で濡らし傘が閉じてから入れるだけ。乾くと傘が開き瓶から出なくなる。とはいえ、マツボックリが天気に瞬時に反応するわけではなく、乾燥した日が続くと傘が開き、雨が続くと閉じるので、明日の天気まで知るのはちょっと無理！

寿命が長く日本で一番背が高くなる木

スギ

天を突くように伸びる天然杉（秋田県・能代市）

秋から冬にかけて、枝先に茶色に熟した球果をつける

秋（10月～11月）

赤褐色の樹皮は縦に繊維状に長く裂ける。青っぽい粉状の地衣類がつくこともある

見られる場所　**仁鮒水沢植物群落保護林　高尾山　芦生の森　伯耆大山　屋久島など**

◎スギ科スギ属◎常緑高木／樹高30～50m◎分布・本州、四国、九州の丘陵～山地◎生育環境・多くの山野で広く植林されるが、天然杉は湿った土地に生育する

赤茶けた幹をまっすぐ上に伸ばす日本を代表する針葉樹だ。高さは50m以上にも育ち、国内では最も背が高くなる。寿命もたいへん長く巨木も多い。しかし、昔から建築材に使われてきたため、現在はほとんどが植林。天然スギは秋田、富山､高知､屋久島などの一部にしか見られない。ただし、歴史ある神社が山麓に建つ山では、将来の神社再建のために植えられた杉が伐採されずに残っている。関東周辺でも、筑波山や高尾山、武甲山などの山道沿いでは見事な巨杉に出会える。なお、天然杉は湿り気がある沢そばなどに多い。葉は針状鎌形の短葉が螺旋状に並ぶ。2～3月には花粉症の元凶となる雄花をたくさんつける。球果は長さ2～3㎝で茶色。樹皮は赤褐色で縦に裂け長くはがれる。

社寺林など保護された森では
見事なスギの大木が見られる

葉は針状鎌形で長さ
4～12㎜ほど。螺
旋状につく
去年の球果
花粉症の元凶の雄花。
2月～3月に多くの花
粉を飛ばす

かつてはガムの代わりに
噛まれたこともある杉脂

Column

日本一のキミマチスギ！

秋田スギは木曽ヒノキ、青森ヒバと並ぶ、三大美林。近年は屋久杉人気に押され影を潜めた感があるが、天然スギの美しさはまさに三大美林の名にふさわしい。そんな秋田スギを見るなら、秋田県能代市二ツ井町にある仁《に》鮒《ぶな》水沢植物群落保護林がおすすめだ。まさに、天を突くように梢を伸ばすスギが林立し見事。中でも、「キミマチスギ」は樹高58ｍで日本一（諸説有り）とも言われる。幹の太さは164㎝で、計算上ではこの木一本で53坪の木造建築が建てられるそうだ。なお、天然杉の森は広葉樹も多く豊かな森に囲まれ気持ちいい。

葉裏にYの気孔線がある最高級建材の針葉樹

ヒノキ

爽やかな匂いのヒノキ林(長野県・赤沢自然休養林)

直径8～12㎜の球果は秋に茶色く熟す

秋(10月～11月)

樹皮はスギより幅が広くはがれる。また、環境により色は灰色っぽくなる

見られる場所 **奥多摩　奥武蔵　丹沢　赤沢自然休養林　芦生の森　六甲山**など

◎ヒノキ科ヒノキ属◎常緑高木／樹高20～30m◎分布・本州(福島県以南)、四国、九州の山地◎生育環境・スギよりもやや乾いた土壌に生育

耐久性が高く腐りにくいうえ、加工が容易なことから、建築材として最も評価が高い。約1300年前建造の世界最古の木造建築、法隆寺が今も健在なのは樹齢千年以上のヒノキで造られたからだとされる。高級であるがために、天然ヒノキは乱伐され、今ではほとんどが植林。現在、天然ヒノキが残っているのは長野県木曽谷などの一部だ。ヒノキの名は、昔、枝をこすり合わせ火を起こした「火の木」からだというが、樹皮は茶褐色で縦に裂け、いかにも燃えやすそうだ。植林地ではスギと混在することも多く似ているが、葉を見れば違いは一目瞭然。ヒノキの葉は鱗片が繋がって伸びている感じで、葉の裏にはY字型の白い気孔線がある。なお、成長が遅いので、スギほど巨木にはならない。

整然と林立する植林帯もときには気持ちいい

葉の先にある2～3㎜の雄花

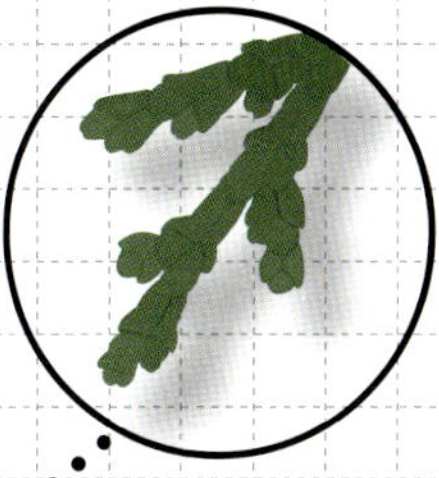
2～3㎜のウロコ状の葉が交互に対生

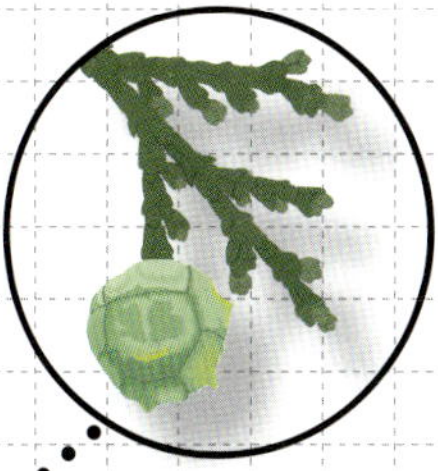
初夏の緑色をした球果

ヒノキは葉の裏の白い気孔線がローマ字のYをしている

Column

サワラ、アスナロを見分けよう

ヒノキのように鱗片状に葉が伸びるヒノキ科の針葉樹は他にもいくつかある。よく似ているのがサワラだ。一見しただけでは見分けにくいが、葉の先端がヒノキは丸いが、サワラ(写真上)は尖っている。また、気孔線がヒノキのY字型に対し、サワラはX型になっている。ヒノキよりも北の地方に分布しブナ帯などに混生するアスナロ(写真下)もヒノキ科で鱗片状の葉をしている。ただし、こちらは葉がヒノキより大きく、白い気孔線がよく目立つので見分けがしやすい。一見、よく似ている針葉樹も詳しく見ると違いは多い。

丘陵や低山で見られるクリスマスツリー

モミ

里山などでひときわ大きく梢を伸ばすモミ（山梨県・大月市）

茶褐色の枝の両脇に羽状に葉をつけるモミ

若木は白っぽく平滑だが、大木は網目状の裂け目が入る

見られる場所　**筑波山　奥多摩　丹沢　青木ヶ原樹海　六甲山**など

◎マツ科モミ属◎常緑高木／樹高20〜40m◎分布・本州（秋田県以南）、四国、九州の丘陵〜山地◎生育環境・平地から低山までの主に太平洋側に広く生育する

丘陵や標高1000m以下の山間で、クリスマスツリーのような円錐形の大きな常緑樹を見つけたらモミの可能性が高い。モミは同じ山域に混生する常緑樹のなかでも、ひときわ大きくなり、高いものは40m近くにも育つ。葉は針状で枝に羽状につくのが見分けポイント。同じ山域に混生する小高木のイヌガヤも羽状の葉だが、モミの枝が茶褐色であるのに対し、イヌガヤは緑なので見分けられる。また、モミの若木は先端が2叉になり尖っているのも特徴だ。さらに、モミは球果をつけるが、イヌガヤは暗紫色から暗褐色の実をつける点も大きな違い。ブナ帯上部ではよく似た種のウラジロモミが生育し、混同しそうだが、その名の通り、葉裏の二条の白い気孔線がよく目立ち見分けられる。

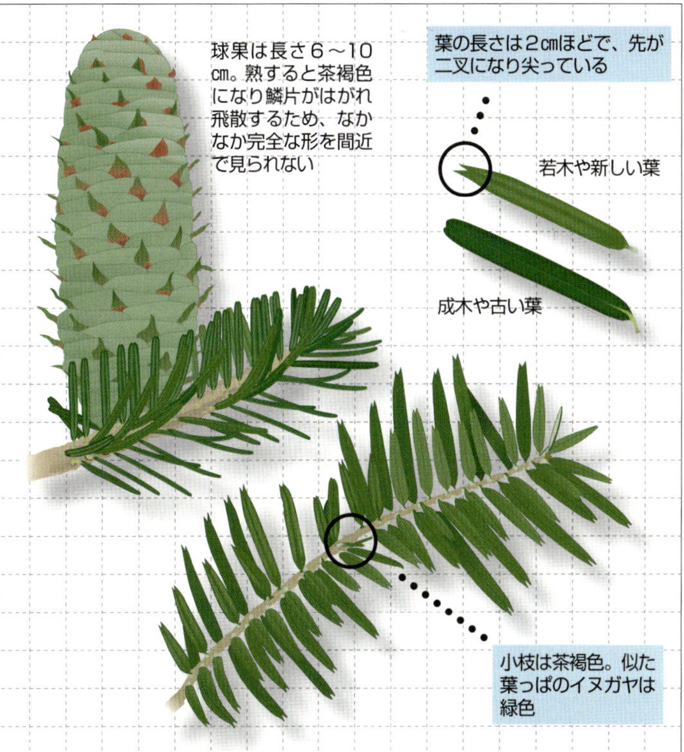
球果は長さ６～10㎝。熟すると茶褐色になり鱗片がはがれ飛散するため、なかなか完全な形を間近で見られない
葉の長さは２㎝ほどで、先が二叉になり尖っている
若木や新しい葉
成木や古い葉
小枝は茶褐色。似た葉っぱのイヌガヤは緑色

山岳帯に多いウラジロモミは葉裏の白い気孔線が目印

羽状につくイヌガヤの葉

Column

モミの木の憂鬱!?

日光や丹沢の森を歩いていると、幹や根元の樹皮が剥がされたモミを目にする。増殖した鹿が冬の餌に困り食べてしまうのだ。森には他にも多くの木があるのに、なぜ、モミやウラジロモミばかりが被害に遭うのか？山小屋の親父さんに聞いてみると樹皮が剥がしやすいのだそうだ。結果、日光や丹沢では木を守るために食害防止ネットで囲っている。一方で、このネットは長年放って置かれると木の生長の妨げにもなりかねない。モミたちの憂鬱はしばらく消えない。

第3章

シラカバやカラマツ 高原の森

高原は標高が高く気温が低いため、空気中にとけ込める水蒸気が少なく空気が乾燥している。地形によっては湿原も発達し、爽やかな高原風景が広がる。そんな地にいち早く梢を伸ばすのがシラカバだ。乾燥や低温にも強く生育の早いカラマツも自生し、各地に植林もされてきた。また、高原や湿原の縁ではズミやレンゲツツジが、初夏に彩りを添える。関東周辺では標高1000〜1500m付近の奥日光や八千穂高原、志賀高原などが、高原の森にあたる。

湿原の縁でいち早く芽生え育ったシラカバ（栃木県・小田代原）

高原の湿った肥沃な地に大きく枝を広げる

ハルニレ

葉の大きさは4～12㎝で左右非対称
側脈は10～16対
ギザギザは大小
二重になり深い

初夏に偏平で薄い膜に包まれた実をつけるハルニレ
夏(6月上旬～中旬)

細かく裂ける樹皮(栃木県・奥日光)

見られる場所 十勝川河畔　裏磐梯高原　奥日光　山中湖　上高地　戸隠高原など

◎ニレ科ニレ属◎落葉高木／樹高15～30m◎分布・北海道、本州、四国、九州の丘陵～～山地◎生育環境・高原や山上などの湿った肥沃なところに生育する

高原の湖のそばや川沿いの肥沃な地にひときわ大きく枝を広げる。幹は直立するが、枝分かれが多く大きな樹冠をつくり見事だ。関東周辺では奥日光の千手ヶ浜や上高地の徳沢などで立派なハルニレが見られる。葉はたいてい中心の葉脈を挟んで左右非対称で、葉裏の脈上には毛がはえる。春には葉が芽吹く前に黄緑色の小さな花を付ける。

Column

北の大地のエルム！

かつて人気を博しシリーズとなった映画に「エルム街の悪夢」があるが、エルムとはハルニレの英名。そして､「エルムの学園」と言われ、キャンパスに立派なハルニレがあるのは北海道大学。ハルニレは全国に分布するが、とくに北日本に巨木が多い。なかでも有名なのが「豊頃のハルニレ」。テレビや写真集でも紹介され、きっと誰もが一度は目にしたことがあるはず！

伐採跡にいち早く芽生える高原のシンボル

シラカバ

湿原内に梢を伸ばすシラカバ（栃木県・小田代原）

三角形の形が目を引く新緑の頃のシラカバの葉

初夏（5月〜6月）

真っ白な樹皮は紙状になって薄くはがれる。枝落ちした際に黒い枝痕が残るのが特徴

見られる場所 **北海道の平野　平庭高原　奥日光　八千穂高原　志賀高原　天狗高原**など

◎カバノキ科カバノキ属◎落葉高木／樹高12〜20m◎分布・北海道、本州中部以北、四国の山地帯◎生育環境・高原などの日当たりがよい地に生育し純林をつくる

青空の下で真っ白な幹をスーッと伸ばす姿はまさに高原のイメージにぴったり。中部山岳地帯では標高1000〜1500mに生育し、北海道では平野でも広く見られる。伐採跡や湿原の縁などに、いち早く芽生え、ときに見事な純林を広げる。樹皮は薄くはがれ、昔は焚付けや松明などにも使われた。似た樹種にダケカンバがあるが、こちらは生育域が高く、中部山岳地帯では1500m以上に分布している。また、樹皮が肌色やベージュをしており、粗くはがれるのも特徴。両者は三角形の葉も似ているが、シラカバの葉脈が6〜8対なのに対し、ダケカンバは7〜12対と多くなる。また、シラカバは寿命がせいぜい30年と短く、幹の太さは大木でも直径40㎝程度までにしか育たない。

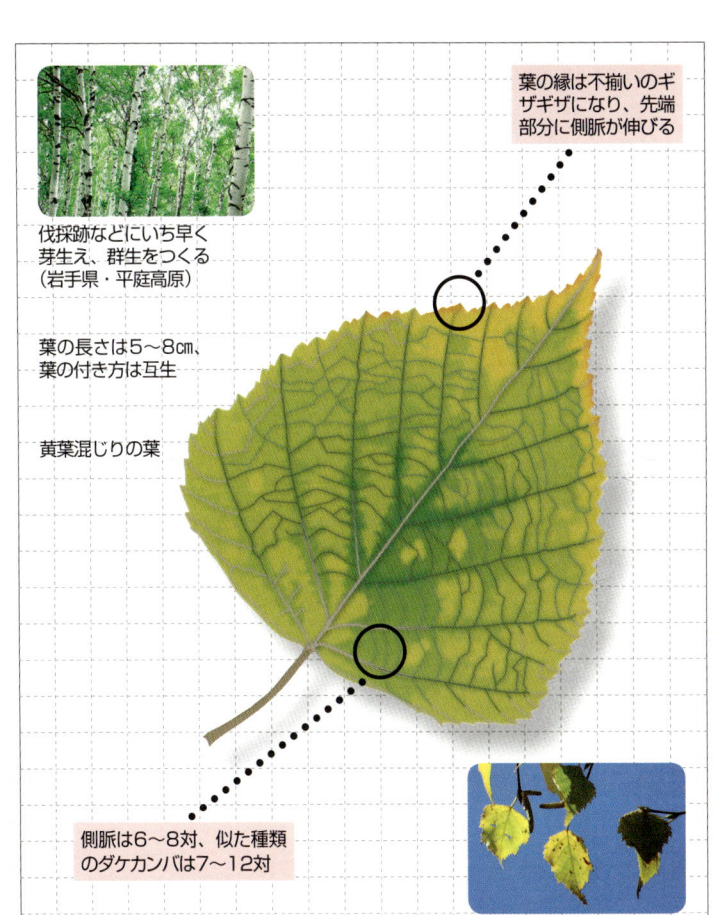

伐採跡などにいち早く
芽生え、群生をつくる
（岩手県・平庭高原）

葉の縁は不揃いのギザギザになり、先端部分に側脈が伸びる

葉の長さは5～8㎝、
葉の付き方は互生

黄葉混じりの葉

側脈は6～8対、似た種類のダケカンバは7～12対

青空に映える黄葉した
葉っぱ

Column シラカバの樹液

冬の間、雪に埋もれていた木々は、雪解けが始まると芽吹きの準備を始め、大地から水分をぐんぐん吸い上げる。木によっては枝を折ると樹液がしたたるほど。シラカバもまた樹液が多いことで知られ、北海道の美深町では、そんなシラカバの樹液100%をボトルに詰め「森の雫」として販売している。飲み味はサラリとして、ほんのりと甘い感じ。ちなみに、シラカバの樹液は昔から、フィンランドの北方諸国やアイヌの人々が民間療法として飲用してきた。多くのミネラルが含まれ、利尿、便通、痛風などの効能があるそうだ。

高原や山野で美しく黄葉する落葉針葉樹

カラマツ

秋、山上で見事な黄葉を展開（東京都・雲取山）

去年の球果が残る枝に、新しい葉が束になり芽吹いている

初夏（5月～6月）

環境がきびしい山上では矮小化する。強い風で枝も片側に伸びている（富士山・奥庭）

見られる場所 尾瀬　奥日光　奥多摩　富士山　浅間山　八千穂高原、上高地など

◎マツ科カラマツ属◎落葉高木／樹高30～50m◎分布・北海道の平野、本州の山地～亜高山◎生育環境・自生種は主に火山灰地などのやせた乾燥地に生育する

日本に自生する在来種で唯一の落葉針葉樹がカラマツだ。秋、黄葉した葉をパラパラと散らす姿は、広葉樹とはひと味違った秋を演出してくれる。漢字で「唐松（落葉松）」と書かれることから、中国原産と勘違いされるが、本州中部の山間に分布する日本固有の樹木だ。成長が早く寒冷にも強いため、全国で盛んに植林され、多くの山域で見られる。しかし、本来は崩壊地や河原、火山砂礫地といった乾いた土地に生育する木で、天然カラマツは富士山や浅間山、尾瀬、八ヶ岳などに見られる。葉は2～3㎝の針状の葉が20本ほどまとまって枝に束生している。球果は長さ2～3.5㎝の球形。はじめは淡い緑をしているが熟すると褐色になる。樹皮は褐色で網目状などに裂ける。

新緑のカラマツ(長野県・
高峰高原)

葉は短い枝に多く付く。先端は尖るが柔らかく痛くない

葉は針状で長さ2～3㎝。20本ぐらいが束になり輪のように広がる

熟す前の緑を帯びたマツボックリ。大きさは2～3.5㎝

整然と並ぶカラマツ林の霧氷がきれい(霧ヶ峰高原)

Column

木道に利用されるカラマツ

カラマツは高地や寒冷地でも生育するため、戦後、将来の需要を見込み、北海道や本州の高い山域に次々と植林された。しかし、曲がりや狂いが出るため、建築材にはあまり向かず、さらに、外国からの安い建築材に押され需要は減っていった。結果、山上には手入れされないカラマツ林が増えた。ところが、意外なところでカラマツが利用されている。尾瀬などの木道だ。以前はトウヒやナラなども使われたが、湿原は酸性が強く木道が傷みやすいため、腐食に強いカラマツのみを利用するようになったそうだ。木道は10年ほどで掛け替えになるが、尾瀬の木道の総延長はなんと57㎞にも及ぶというから驚き。ちなみに廃木道はパルプに再利用される。

シラカバとセットで見られる高原を彩るツツジ

レンゲツツジ

シラカバとレンゲツツジ(長野県・高峰高原)

5片に分かれた花の上の1片には斑点がある

初夏(4〜6月)

牧場のレンゲツツジの大群落(群馬県・赤城山白樺牧場)

見られる場所 平庭高原　八方ヶ原高原　尾瀬ヶ原　甘利山　湯ノ丸高原　美ヶ原高原など

◎ツツジ科ツツジ属◎落葉低木／樹高1〜2m◎分布・北海道(西南部)、本州、四国、九州の高原◎生育環境・日当たりのよい高原に生育する

日当たりのよい高原でシラカバとセットで群落をつくることが多い。花の時期はシラカバの白い幹とレンゲツツジの朱色の花が見事なコントラストを展開し美しい。その名は蕾がレンゲに似ていることからついた。山上に咲くツツジの仲間では一番花が大きく、花径は5〜6㎝。葉は5〜12㎝で、両面に軟毛が生えており、枝に互生する。

Column

牧場に群落が多い!?

高原には牧場があり、牛や馬などが放牧されていることが多い。しかし、レンゲツツジは牛たちに食べられることなく、花も葉もきれいに残っている。実はレンゲツツジには呼吸停止を引き起こす有毒物質が含まれているため、家畜も食べないのだそうだ。結果、牧場の群落はどんどん広がっていく。花蜜にも毒が含まれるというから、間違っても蜜を吸わないようにしたい。

湿原の縁で初夏に咲く白い花と秋の赤い実が目印

ズミ

秋には赤い実をつける

初夏に白い花をたくさん咲かせるズミ(栃木県・戦場ヶ原)

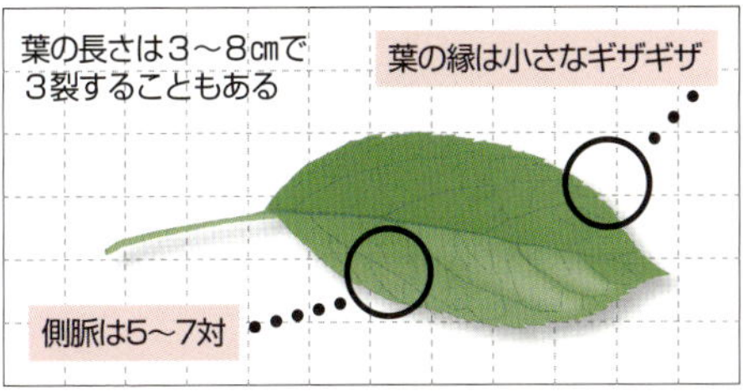
葉の長さは3～8㎝で
3裂することもある
葉の縁は小さなギザギザ
側脈は5～7対

花径は2.5～4㎝ほどで、花びらは5枚。

見られる場所 **雄国沼　尾瀬ヶ原　奥日光　湯ノ丸高原　上高地**など

◎バラ科リンゴ属◎落葉小高木／樹高5～10m◎分布・北海道、本州、四国、九州の山地◎生育環境・高原や湿原などの日当たりのよい湿ったところに生育する

日当たりのよい湿った場所に枝を広げる。関東周辺では奥日光の戦場ヶ原の湿原の縁に多く見られるズミが有名。初夏には木全体が白く見えるほどたくさんの花を咲かせる。花は蕾の時、ピンクがかっているのも特徴。秋には真っ赤な小さな実をたくさんつける。漢字では「酸味(酢実)」と書く通り、酸味が強い。小枝にはトゲがある。

Column コナシ、コリンゴ……

ズミは別名、コナシとも呼ばれる。上高地の梓川河畔にある小梨平は、まさにコナシが多かったことから名付けられた。ただし、現在はキャンプ場などができ、昔ほどズミは多くないそうだ。ズミは他にも、ミツバカイドウ、コリンゴなどとも呼ばれるが、いずれにしても、別名が多いということは、昔から人々にズミが親しまれてきた証でもある。

第4章

シラビソやコメツガ 針葉樹の森

中部山岳地帯では標高1500m以上の山域へ上がると、シラビソやコメツガ、オオシラビソといったマツ科の針葉樹が中心となる。薄暗い林床は苔に覆われ、混生する落葉高木はダケカンバとナナカマドぐらい。そんななか、初夏に彩りを添えるのがシャクナゲたち。関東周辺では奥秩父や八ヶ岳、富士山、日本アルプスなどの亜高山帯がそんな森にあたる。さらに、2500m以上の森林限界付近へと上がれば、ハイマツと矮小化した一部の木だけとなる。

深山に針葉樹の森に彩りを添えるアズマシャクナゲ（埼玉県・奥秩父の十文字峠）

福島県以南の亜高山帯で梢を伸ばす灰褐色の樹皮

シラビソ

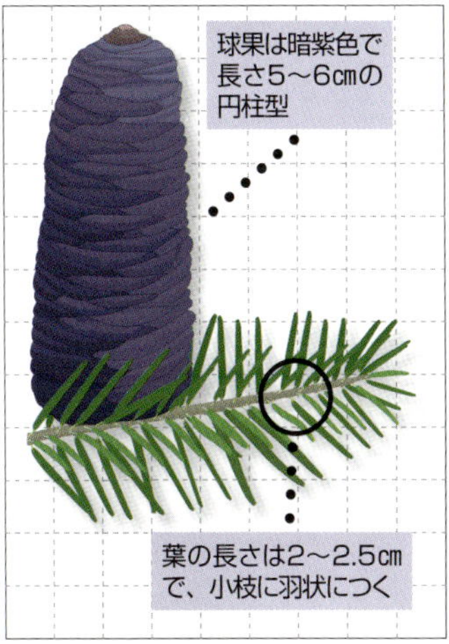
球果は暗紫色で
長さ5～6㎝の
円柱型
葉の長さは2～2.5㎝
で、小枝に羽状につく

上から葉を見たとき、枝が見えるのがシラビソ。オオシラビソとの見分けポイントの1つ

灰褐色の樹皮（長野県・西穂高岳）

見られる場所　尾瀬　奥日光　奥秩父　八ヶ岳　日本アルプス　志賀高原など

◎マツ科モミ属◎常緑高木／樹高20～30m◎分布・本州（福島県～紀伊半島）、四国の亜高山帯◎生育環境・亜高山帯の比較的雪が少ない山上に生育する

亜高山帯の森の主要高木で、ときに純林をつくる。稚樹は日陰に強く、暗いところでもしぶとく生育。少し日が入ってくる苔むした林床では、成木が倒れるのを待つようにたくさんの幼樹が育っている。樹皮は暗灰色でなめらかで、点々と樹脂をため込んだヤニ袋がある。それを潰すと爽やかな芳香が広がる。球果は灰紫色から暗紫色。

Column

シラビソの縞枯れ

縞枯山をはじめとする北八ヶ岳では、山上のシラビソの縞枯れ現象が見られる。対岸の山から見ると、緑の山腹にシラビソの白い幹が等高線に沿うように見えるところがある。つまり、すぐ下の木が枯れ、上部の幹が露出しているわけだ。この現象、病気などではなく、天然更新によるものだそう。ただ、なぜ、このように更新するのかは詳しくは解明されていないという。

多雪地帯の山上に多い樹氷のもとになる針葉樹

オオシラビソ

雪に強いオオシラビソ（福島県・吾妻山）

枝先に向かってびっしりと扁平の葉をつけている。葉の先端は小さくくぼんでいる

樹皮は紫がかっているが、大木は幹全体が苔に覆われることもある（岩手県・八幡平）

見られる場所　**八甲田山　蔵王　吾妻山　尾瀬　八ヶ岳　日本アルプスなど**

◎マツ科モミ属◎常緑高木／樹高20〜30m◎分布・本州（青森〜福井、静岡県）の亜高山帯◎生育環境・耐雪性があり、東北地方の山上に生育する

八甲田山から中部山岳地帯の亜高山帯にかけて多く分布し、シラビソと混生することが多い。その名の通り、シラビソに比べ大型で太く大きく育つ。ただし、厳しい環境などでは樹高５〜６ｍと低くなる。慣れないとシラビソとの区別が難しいが、シラビソは葉が枝に羽状につくため、上から見たとき枝が見えるが、オオシラビソは長短の羽が枝全体にまんべんなくつき枝が見えない。葉は長さ1.5〜２㎝の扁平な線形で、先端は尖らずにくぼんでいる。球果もシラビソより大きく、最大では10㎝ほどにも育つ。そのため、山上やロープウェイなどから眼下のオオシラビソを見ると球果がよく目立つ。樹皮は灰白色でシラビソに似るが、紫色を帯びており、濡れるとより紫がかって見える。

梢にびっしり球果をつけたオオシラビソ

球果は暗紫色で、長さ5～10cmの楕円形
葉の長さは1.5～2cmで、小枝が見えないほど密に付く

紅葉の山上で円錐型で緑の樹型が目を引くオオシラビソ(青森県・八甲田山)

Column

冬のモンスター

オオシラビソはアオモリトドマツとも呼ばれるが、その名の通り北海道に生育するトドマツにも似ている。耐雪性があるため、シラビソより北の山上に分布し、八甲田山や蔵王の冬の名物、樹氷のもとがオオシラビソだ。蔵王ではアイスモンスターとかスノーモンスターの名で、樹氷ツアーが開催。ちなみに、樹氷は0℃以下に冷えた過冷却の水滴が枝や葉にぶつかった際にできる着氷と着雪が、風に向かって大きくなりできる。樹氷に覆われたオオシラビソは、さぞ厳しそうに思われるが、完全に包まれれば雪の防寒具をつけたような状態。木は直接、寒風にさらされずにすみ、重さを除けばけっこう快適なのだそうだ。いわば、吹雪の際、雪洞にこもった状態か……。

タイ米のような小さな葉と粗い裂け目が入る茶褐色の樹皮

コメツガ

鬱蒼とした森のコメツガ林（長野県・北八ヶ岳）

タイ米を思わせる小粒の葉をまばらにつけるコメツガ。上から見ると枝が見える

褐色の樹皮は縦や鱗片状に裂け目が入る。林内では地衣類や苔がつくことも多い

見られる場所　磐梯山　尾瀬　奥日光　奥秩父　日本アルプス　八ヶ岳など

◎マツ科ツガ属◎常緑高木／樹高20～30m◎分布・本州（中国地方を除く）、四国、九州の亜高山帯◎生育環境・亜高山帯の尾根上などに生育する

シラビソやオオシラビソの林に混生するが、どちらかというと、やせ地や尾根筋などの風衝地に多く見られる。名は葉が小さいツガという意味で、漢字では「米栂」と書くが、葉はまさに細長いタイ米を思わせる形だ。似た種にツガがあるが、こちらは照葉樹林から夏緑樹林帯に生育する。ただし、両者の分布が接し、一部重なる場合もある。慣れないと葉が小さめのオオシラビソと混同することがあるが、コメツガは葉が短く枝にまばらにつき、葉裏の気孔線がはっきりしている。また、樹皮がオオシラビソのように平滑でなく、灰褐色から茶褐色で、古くなると縦や鱗片状に割れ目が入る。さらに、球果が2㎝前後と小さい。色は若い実は暗紫色や緑をしているが、熟すると茶褐色になる。

暗紫色の熟す前の球果

球果は茶褐色で、長さ1.5〜2cmの楕円〜球形

葉の長さは1cmほどで、小枝にまばらに付き小枝は見える

大きいものは高さ20m、直径80cmにもなる

Column

林床の苔と倒木更新

広葉樹の森では低木や山野草が豊富なため、苔は木々の根元や幹、岩場などに限られる。しかし、亜高山帯の林床は生育できる山野草が少ないため苔が見事だ。北八ヶ岳のコメツガ・シラビソ林では、まさに苔が緑の絨毯のように広がりきれい。そんな森で注目したいのが、倒木の上に芽吹いている稚樹や幼樹だ。亜高山帯の森では、倒木更新というかたちで森林の世代交代が行われるが、このシステムは種の保全の上で優れている。倒木の上で芽を出すことは他より一段高い位置から生育し始められる。さらに、倒木の上には、稚樹の成長を妨げる病菌が少ないのだ。亜高山の森では、木々が1列に並んでいることが多いが、倒木更新によって成長した証でもある。

北日本の山上に梢を伸ばす五葉松

キタゴヨウ

大樹は30mに育つ（岩手県・八幡平）

マツボックリは6～10cm。はじめは緑色で熟すると茶褐色になる
葉の長さは6cmほどで5本ずつ束になる

灰褐色に熟した球果。葉は5本ずつ付く（長野県・篭ノ登山）

見られる場所 **八甲田山　八幡平・大沼　磐梯山　安達太良山**など

◎マツ科マツ属◎常緑高木／樹高20～30m◎分布・北海道、本州（中部以北）の山地帯◎生育環境・乾燥した尾根筋や岩場などに生育する

本州の中部以北の亜高山帯や北海道の山上に分布し、コメツガ、シラビソ、オオシラビソなどと混生する五葉松《ごようしょう》。主に乾いた尾根筋などに生育。その名の通り、葉は5本まとまって束生する。樹皮は灰褐色で古くなると鱗片状にはがれる。似た五葉松にヒメコマツがあるが、西日本に多く、葉も球果もキタゴヨウよりひとまわり小さくなる。

Column ハイマツとの見分け

キタゴヨウは風衝地などのきびしい環境では矮小化《わいしょうか》することがよくある。さらに、偏西風にさらされ続ける場所では、枝が旗竿状に横に伸びハイマツと区別しにくいことがある。そんなときは、主幹に注目してみよう。キタゴヨウは背が低くても主幹がはっきりしているが、ハイマツはわかりにくい。また、マツボックリの大きさはハイマツの1.5～2倍と大きい。

アルプス登山の森林限界を飾る地を這う五葉松

ハイマツ

北海道では1000m以下でも見られるハイマツ(北海道・利尻岳)

新枝の先端にはハイマツの赤い雄花が見られる

夏(7〜8月)

マツボックリは3〜6㎝で、紫色〜暗緑色をしている

見られる場所 大雪山　八甲田山　磐梯山　尾瀬・燧ヶ岳　奥秩父　日本アルプスなど

◎マツ科マツ属◎常緑低木/樹高10cm〜5m◎分布・北海道、本州中部以北の亜高山帯〜高山帯◎生育環境・高木がなくなる亜高山帯〜森林限界に広く生育する

亜高山帯の常緑高木が見られなくなる上部山域に群落をつくる。中部山岳地帯では標高2000m以上、北海道では800m以上に生育。その名の通り地表を這うように広がるが、風が当たらない斜面では人の背丈以上になることもある。葉の長さは4〜8㎝の針状で5本ずつ束生。樹皮は灰褐色〜黒褐色で鱗片状にはがれる。

Column

いざという時に避難!

山上の厳しい環境で生育するハイマツは幹や枝がしなやかで強靭。生育が遅く、数㎝の幹でも樹齢が100年近いことがある。もし、稜線で突然の嵐や雷雨に遭遇し、近くに避難小屋などがない場合はハイマツのすき間へ逃げ込もう。密に茂った枝葉が風を防ぎ、寒さから守ってくれる。間違っても大木の陰になど逃げ込まないこと。雷の標的とされ、さらに倒木の心配もある。

薄暗い亜高山性針葉樹の森をピンクの花で鮮やかに彩る

アズマシャクナゲ

深山でピンクの花を咲かせる常緑のツツジ(栃木県・奥日光)

漏斗型の花びらはピンクで5つに裂けている

初夏(5月末~6月中旬)

冬は葉の乾燥などを抑えるために丸まっている

冬(12月~4月)

見られる場所　**尾瀬　奥日光　奥秩父　西上州　奥多摩　西沢渓谷**など

◎ツツジ科ツツジ属◎常緑低木／樹高1.5～4m◎分布・本州(宮城・山形県～静岡県)の山地帯上部～亜高山帯◎生育環境・シラビソ・コメツガなどに混生する

東北南部から中部地方の東日本側の亜高山帯に多く分布するシャクナゲ。主に、コメツガやシラビソが梢を伸ばす深山に生育し、関東周辺では奥秩父の十文字峠のアズマシャクナゲが有名だ。5月下旬～6月上旬、針葉樹の薄暗い林内にピンクの鮮やかな花を咲かせる様子はなんとも見事。葉は細長い楕円形で表面に光沢がある。また、葉は枝先に輪生状に集まって互生し、傘を半開きにしたように垂れ下がる。なお、西日本に生育するのはホンシャクナゲで、三重県の大台ヶ原などが有名だ。両者の見分けポイントは花びらの分裂の数。アズマシャクナゲが5枚に裂けるのに対し、ホンシャクナゲは7枚に裂ける。ちなみにシャクナゲは常緑のツツジ属の総称なので、花の雰囲気はツツジに似ている。

より高度の高い山域に生育する
ハクサンシャクナゲ(北八ヶ岳)

葉の縁にはギザギザはなく滑らか。葉の表面は革質で光沢がある

葉の長さは5～15cm。
葉の付き方は互生だが、
枝先に輪生状に集まる

葉脈は真ん中以外は不明瞭

葉柄は1～2.5cm

葉の裏側は茶褐色から灰白色をしている

Column

シャクナゲいろいろ

本州の中部山岳地帯で見られるシャクナゲは、他にハクサンシャクナゲやキバナシャクナゲなどがある。ハクサンシャクナゲは主に本州中部以北と四国山地の一部に生育。関東周辺では八ヶ岳や富士山などで見られる。花の色はアズマシャクナゲに比べ白っぽく、花弁の上部に薄緑色の斑点が見られる。キバナシャクナゲ(P91)はさらに標高が高い山上に生育する。亜熱帯に位置する屋久島の山上で見られるのがヤクシマシャクナゲ(写真)。屋久杉の下に咲く姿が美しい。

厳しい環境でしぶとく生育する肌色の樹皮が目印

ダケカンバ

太い枝を伸ばすダケカンバ（栃木県・奥日光）

黄色に色づき、褐色に枯れていくダケカンバの葉っぱ

秋（9月末～10月）

若木や細い枝は、肌色の樹皮が薄く横にはがれる。老樹や太い枝は厚く荒々しくなる

見られる場所 **大雪山　八甲田山　奥日光　八ヶ岳　日本アルプス　伯耆大山**など

◎カバノキ科カバノキ属◎落葉高木／樹高10～20m◎分布・北海道、本州、四国の山岳地◎生育環境・亜高山帯から森林限界付近まで広く順応して生育する

亜高山帯の針葉樹の森から、高層湿原の林縁、ハイマツ帯まで、広く山上に分布する。環境への適応力がたいへん高く、岩上や雪崩の多い斜面に生育する姿は何ともたくましい。風衝地では、枝や幹を曲がりくねらせ、ときに低木状になる。似た種にはシラカバがあり、湿原の縁や亜高山帯の下部などで混生している場合、見間違えることがあるが、相違点は多い。まず、ダケカンバの樹皮は肌色から茶褐色を帯びており、老樹になると幹表面がゴツゴツと荒々しくなる。葉も一見よく似ているが、側脈がシラカバは6～8対であるのに対し、ダケカンバは7～12対と多い。また、シラカバは寿命が短いので大木でもせいぜい幹直径は40㎝ほどだが、ダケカンバは最大で70㎝以上にも成長する。

亜高山帯の森で冬枯れの樹皮がよく目立つ

葉の縁のギザギザは不整で鋭い

葉の長さは5～10㎝
葉の付き方は互生

側脈は7～12対。葉が似ているシラカバは6～8対と少ない

葉柄は2～3.5㎝あり、風によく揺れる

すっと伸びた若いダケカンバの黄葉

Column 高山の秋を彩る広葉樹

コメツガやシラビソ、オオシラビソが占有する亜高山帯では、ほとんど針葉樹が中心になる。広葉樹はダケカンバくらいしか見られないように思うが、倒木跡やさらに森林限界付近では、低木の落葉広葉樹が見られる。まず多いのがウラジロナナカマド。紅葉時は真っ赤に色づき、ハイマツの緑と見事なコントラストを見せてくれる。他にも高山で黄色に色づくミネカエデ(写真上)やミズナラの変種とされるミヤマナラ(写真下)、丸い実が目立つミヤマハンノキなどがある。高山の紅葉は、こうした落葉低木によって演出されているのだ。

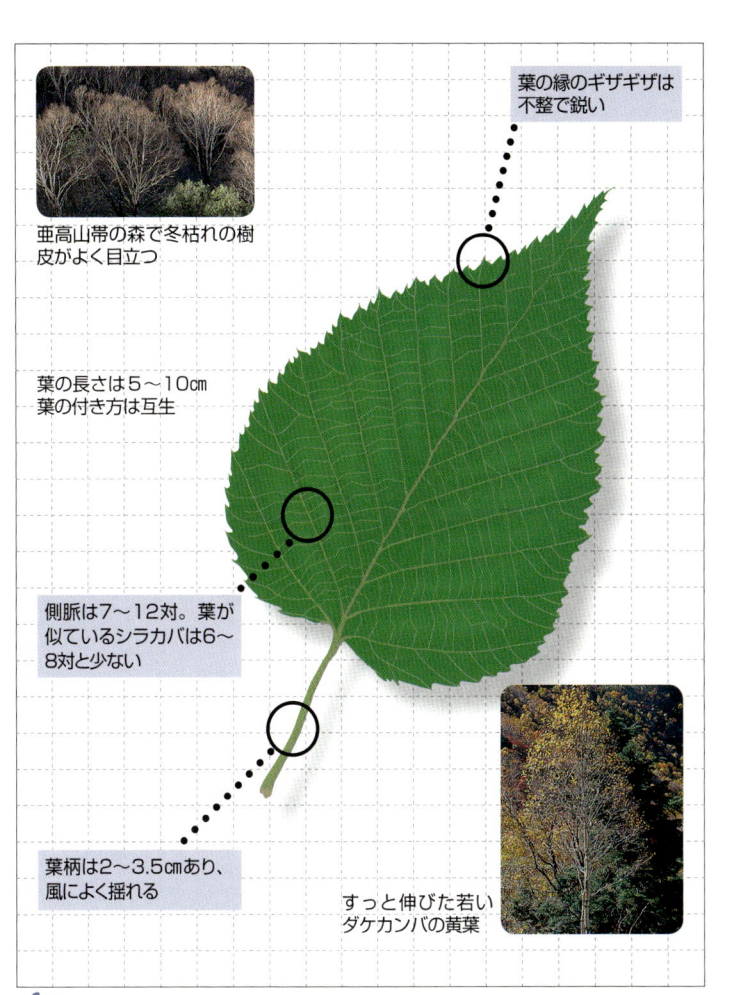

第5章

シイやカシ

里山の雑木林

葉の表面がテカテカし光沢がある照葉樹は、西日本や九州地方に多い樹木だ。しかし、関東周辺でも、房総丘陵や伊豆の温暖な山域、標高数100ｍの低山域では普通に見ることができる。とくにドングリがなるシイやカシなどは、鎮守の森、里山の登山口周辺に生育し、昔から身近な樹木として受け入れられてきた。山間ではヤブツバキやアオキなども生育し、落葉樹が多い雑木林とは一味違った森が印象的だ。本章ではそんな里山の照葉樹を紹介。

アカガシやスダジイなどの照葉樹が枝を広げる雑木林（茨城県・筑波山山麓）

沿岸近くの山地に生育する椎の実がなる木

スダジイ

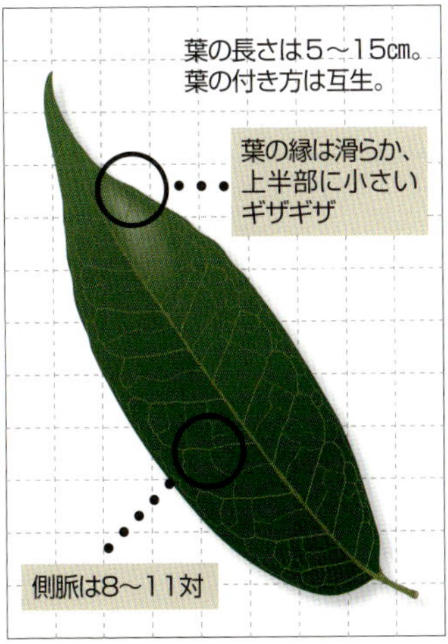
葉の長さは5～15㎝。
葉の付き方は互生。
葉の縁は滑らか、
上半部に小さい
ギザギザ
側脈は8～11対

初夏には長さ8～12㎝の淡い黄色の雄花を枝先にたくさんつける

初夏（5月）

スダジイのドングリ

割れ目が目立つ樹皮（筑波山）

見られる場所 筑波山　房総丘陵　奥武蔵山麓　丹沢山麓　六甲山　開聞岳など

◎ブナ科◎シイノキ属◎常緑高木／樹高8～25m◎分布・本州（福島県以南）、四国、九州、沖縄の沿岸部◎生育環境・暖かい地域の山地に生育する

広くシイと呼ぶときに指すのがスダジイで、照葉樹林の主要高木。葉の表面は革質で光沢があるが、葉裏は灰褐色や褐色をしている。そのため、木の下から見ると全体に葉が白茶けて見える。5月頃に開花し、翌年に椎の実（ドングリ）が熟する。樹皮は黒褐色で縦に深い亀裂が入る。よく似た種にツブラジイ（コジイ）があるが、関東には少ない。

Column

美味しいドングリ

数あるドングリのなかでもいちばん美味しいのがスダジイ。一般に「椎の実」と呼ばれ、大きさは1.5～1.8㎝。他のドングリとの一番の違いは、殻斗が帽子型でなく、全体を包むタイプ。2年目の秋になると、殻斗が3つに割れて、中からドングリが落ちてくる。殻を割った中の実はえぐみがなく、甘みがあり生食できる。さらに、煎って食べると香ばしくとても美味しい。

厚手の大きな葉っぱと一番大きなドングリが目印

マテバシイ

樹皮は灰褐色で平滑。葉は先に近い方が広くなり葉柄は短い(埼玉県)

烏場山に広がるマテバシイの純林。樹林の下は昼でも薄暗い(千葉県・南房総市)

長さ2〜3㎝にもなる日本最大のドングリ

秋(10〜11月)

見られる場所 房総丘陵　三浦半島　伊豆半島　六甲山　大隅半島　屋久島など

◎ブナ科マテバシイ属◎落葉高木／樹高8〜15m◎分布・紀伊半島、四国、九州、沖縄の丘陵◎生育環境・暖かい沿岸部等に生育するが、植栽も多く各地で見られる

本来の自生地は九州とされ、本州に見られるものは植栽されたものが広がったといわれる。関東周辺では房総半島の烏《からす》場《ば》山《やま》などに純林が見られるが、自生かは不明。葉は厚手で光沢があり、最大20㎝にもなり、枝に互生。ドングリは2年かけて熟し、国産では一番大きくなる。また、実は渋みなく生食でき、茹でたり煎って食べることもできる。

Column

なめし革のような落葉

国産照葉樹のなかでも大きく厚手のマテバシイの葉っぱは、落ち葉がなかなかきれいだ。葉は約3年ほどで入れ替わり、毎年、秋から冬にかけて寿命がきた葉を散らす。カエデなどのように赤や黄色に色づくことはないが、葉の表面の革質がしっかりして光沢があるため、茶褐色になると、まるでなめし革のような趣だ。ドングリと合わせて落ち葉拾いを楽しむのもよい。

イヌグスとも呼ばれるが見事な大木に生育

タブノキ

タブノキの葉っぱ

暖地林でひときわ見事な枝張り。大樹になると樹皮は縦に裂け目が入る(東京都)

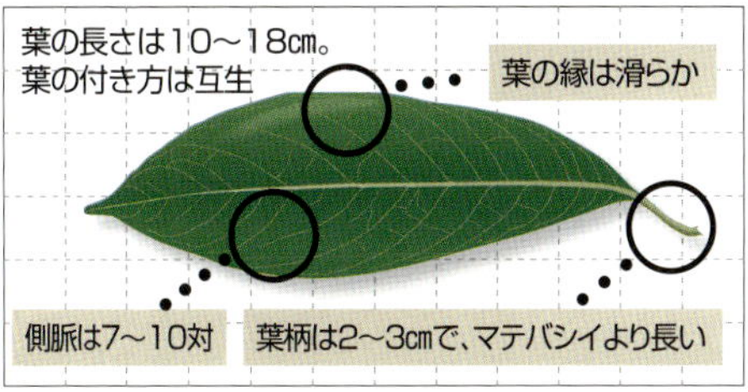
葉の長さは10～18㎝。
葉の付き方は互生
葉の縁は滑らか
側脈は7～10対
葉柄は2～3㎝で、マテバシイより長い

若木の樹皮は灰褐色で小さなイボ状の皮目が入っている

見られる場所　筑波山　房総丘陵　丹沢山麓　六甲山　綾渓谷　屋久島など

◎クスノキ科タブツキ属◎落葉高木／樹高20～30m◎分布・本州、四国、九州、沖縄の沿岸部◎生育環境・暖地の海岸に近い森などに生育する

日本各地の暖帯林でスダジイなどと一緒に見られる照葉樹。別名「イヌグス」とも呼ばれる通り、クスノキの仲間だ。それだけに、クスノキ同様、大樹は幹の直径が1mにも達する。枝張りも見事で、森のなかでひときわ風格を醸している。葉は厚手で革質がしっかりし光沢がある。果実は1㎝ほどの球形で、秋に赤い柄の先に黒く熟する。

Column

マテバシイとの見分け

タブノキとマテバシイは科目でみてもまるっきり違う仲間だが、葉っぱの形がとてもよく似ている。いずれも、公園樹として植栽されることが多く、一緒に植えられていると、ちょっと見ただけでは見間違えるほど。一番の見分けポイントは、タブノキの葉柄《ようへい》はマテバシイよりかなり長い点。また、葉裏の色も違う。マテバシイは茶色っぽいが、タブノキは白っぽい。

関東の鎮守の森に欠かせないドングリをつける樫の木

シラカシ

シラカシのドングリ

「関東のカシ」とも呼ばれ、低山の雑木林に生育(茨城県・筑波山)

葉は5～12㎝。夏～秋口はまだ緑の実が可愛い
夏(8～10月)

樹皮は暗灰色で木により平滑のものとざらつくタイプがある

見られる場所 筑波山　房総丘陵　奥武蔵山麓　奥多摩山麓　丹沢山麓　六甲山など

◎ブナ科コナラ属◎常緑高木　樹高10～20m◎分布・本州(宮城～新潟以南)、四国、九州の丘陵帯◎生育環境・暖地の内陸部の山間に生育する

低山の照葉樹林に生育し、関東では生け垣などにも植栽されている。葉の表は光沢があるが、裏面は白っぽい。葉は狭い楕円形で上半分にギザギザの鋸歯がある。ドングリは1年型でその年の秋に熟す。ドングリの帽子は横縞型。よく似たウラジロガシは、より葉裏が白く、鋸歯が鋭く尖り、葉が全体に波打つ。アラカシは主に関西に生育する。

Column
椎と樫は対照的!?

雑木林の常緑樹の代表にシイとカシがあるが、両者はいろんな面で対照的。シイが主に沿岸部に生育するのに対し、カシは内陸の山麓に生育している。ドングリも椎の実は渋みがなく食べられるが、樫の実は渋く食べられない。「ドングリがなる常緑樹は何?」と尋ねてみたとき、椎の実を思うか、樫の実を思い浮かべるかで、その人の出身が内陸か海沿いかが伺えたりする。

樹皮の赤い斑模様が目立つ大樹に育つ樫の木

アカガシ

アカガシのドングリ

赤茶けた幹を大きく伸ばすアカガシ（茨城県・筑波山）

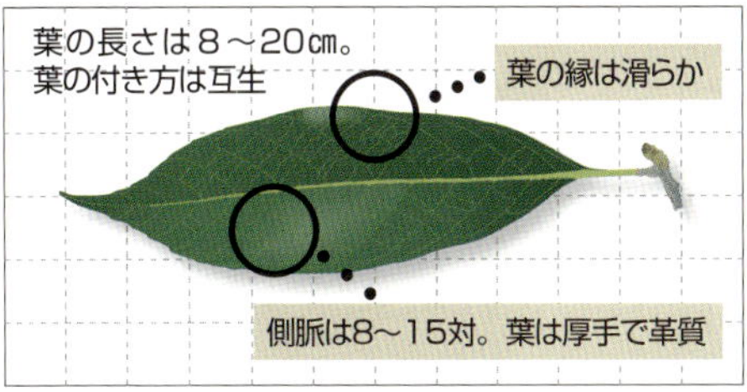
葉の長さは８～20㎝。
葉の付き方は互生
葉の縁は滑らか
側脈は8～15対。葉は厚手で革質

老樹になると樹皮が剥が、下から赤茶けた斑模様が現れる

見られる場所　**筑波山　房総丘陵　函南原生林　芦生の森　六甲山　屋久島**など

◎ブナ科コナラ属◎常緑高木／樹高13～20m◎分布・本州（宮城県以南）、四国、九州の丘陵～山間◎生育環境・暖地のブナ帯下部から低山などに生育する

材が赤っぽいことからアカガシと呼ばれる。老樹になると樹皮が鱗片状にはがれ、褐色や赤みを帯びた斑模様が現れ、まさにその名が実感できる。多くのカシが暖帯に多い中、本種はある程度寒冷な地にも生育でき、ブナなどに混生することもある。別名「オオバカシ」と呼ばれる通り、葉は最大20㎝にもなる。ドングリは翌年に熟する。

Column

堅く巨樹になる樫！

カシは漢字で木偏に堅いと書く通り、材質は堅く丈夫。なかでも、アカガシは狂いが少ないため、三味線の棹、最高級の木刀、近年では、ゲートボールのスティックなどに使われている。アカガシは樫の仲間では、かなりの大木に成長する。ブナが混生する静岡県の函南原生林には幹周６m、樹齢700年といわれる巨樹があるが、まさに森の主に相応しい貫禄だ。

細かく裂け目が入る太い幹と枝張り見事な樹型

クスノキ

四方に枝を伸ばし大きくなるクスノキ（神奈川県・弘法山）

葉が生え替わる初夏は真っ赤に色づききれい

初夏（4～5月）

樹皮は褐色で短冊状の裂け目が入る。特徴的で見分けやすい

見られる場所 **房総丘陵　丹沢山麓　伊豆山麓　六甲山　四国・九州の暖地**など

◎クスノキ科クスノキ属◎常緑高木／樹高20～40m◎分布・茨城県以南の本州、四国、九州◎生育環境・暖帯の人里に多く生育し、公園にも植栽される

公園樹などに広く利用されるクスノキは、主に関東以西から九州に生育する常緑広葉樹。成長が早く、日本では最も幹が太くなる木だ。一般には、四方に大きく枝を広げこんもりとした樹型を示すが、他の木と接近し生育する環境では背も高くなる。神奈川県の湯河原の幕山の山麓にあるクスノキの純林では、どれもがスーッと幹を上へ伸ばす姿が印象的だ。葉は革質がしっかりし光沢があり、3行脈と呼ばれる葉脈がよく目立つ。また、常緑樹だが、葉が入れ替わる春から初夏には、真っ赤に紅葉しきれい。防虫剤の樟脳はクスノキからつくられたもの。枝や葉を切り、手でこすると樟脳の匂いがし、樹種同定の目安にもなる。春に花を咲かせ、秋には8～9㎜の黒い球状の実をつける。

クスノキの花

葉の長さは6～12㎝。
葉の付き方は互生

葉の縁は滑らか。
葉は厚手革質
葉脈の分かれ目はダニ部屋でしばしば膨らんでいる
葉柄は1.5～3.5㎝

林では背が高い姿を見せるクスノキ（神奈川県・幕山）

Column

日本で一番巨木になる木

国内に数ある木々のなかで、最も幹が太くなる巨木がクスノキだ。平成13年の環境省による巨樹・巨木林の調査では、実にベスト10のうち6本までがクスノキだった。ちなみに日本一は鹿児島県蒲生町の八幡神社境内にある「蒲生の大クス」（写真）。根回り33.57m、幹回り24.22m、樹高30mで、樹齢は1500年とされる。巨樹として全国的に知られる屋久島の縄文杉でも幹周16.4mであることを考えると、クスノキがいかに大きくなるかがわかるだろう。

冬から春に咲く花全体がポトリと落ちる照葉樹

ヤブツバキ

ヤブツバキの種子

野生種では最大15mにも育つヤブツバキ（神奈川県・藤野町）

葉の長さは5～10㎝。
葉は厚く光沢あり
葉の縁は細かい
ギザギザ

登山道ではポトリと落ちた花に春を知る

春（2～4月）

見られる場所 筑波山　房総丘陵　奥武蔵　奥多摩　伊豆大島　芦生の森　六甲山など

◎ツバキ科ツバキ属◎常緑高木／樹高10～15m◎分布・本州、四国、九州、沖縄の沿海地や丘陵地◎生育環境・里山や丘陵地、海沿いの森などに幅広く生育する

公園樹や庭園樹としても多く利用される照葉樹。野生では沿海地から山地まで広く分布する。晩冬から春の他の花が少ない時期に、赤い花を咲かせるだけに、冬のハイキングでは嬉しい存在。筒状の雄しべは花びらについているため、散る際は花全体がポトリと落ちるのが特徴。初夏には4～5㎝の実をつけ、秋、熟すと焦げ茶の種子を落とす。

Column

ユキツバキとサザンカ

ツバキ科ツバキ属の仲間に、ユキツバキとサザンカがある。ユキツバキは主に日本海側の多雪地帯に生育し、雪に埋もれながらも育ち、雪が消えかける4～5月に花を咲かせる。サザンカは垣根などに利用され、晩秋から初冬までの長い期間、花を咲かせる。園芸品種が多く、ヤブツバキに似ているものもあるが、サザンカは花びらがバラバラになり散るので見分けられる。

冬の赤い実とテカテカに反射する葉っぱ

アオキ

冬枯れの森で目を引く赤い実(茨城県・筑波山)

4枚の紫の花弁と黄色い雄しべがある雄花

春(4〜5月)

淡い黄色や白の斑が入ったアオキは園芸種としても人気がある

見られる場所 筑波山　奥武蔵　奥多摩　丹沢　芦生の森　六甲山など

◎ミズキ科アオキ属◎常緑低木／樹高1〜2m◎分布・本州(宮城県以南)、四国、九州、沖縄の山地◎生育環境・日陰でも育ち、山地の林下に広く生育する

年間を通じて、青々としているため、庭木にも利用されている。山間では主に日陰に多く見られるが、木漏れ日が当たるとテカテカと葉っぱが反射する。冬の間中、ずっと付いている赤い実も、薄暗い森でよく目立つ。また、アオキには淡い黄色の斑入りの葉っぱもある。斑入りはとくに耐陰性が高く存在感があるため、園芸種として人気が高い。

Column

アオキの花

赤い実や青々とした葉に比べ、花は目立たないが、春に1㎝ほどの小さな花を咲かせる。花は枝先にまとまって咲き、ぱっと見ただけでは、枯れているようにも見えるが、近づきクローズアップで見ると、4枚のスッと伸びた紫色の花弁がなかなか上品で目を引く。雄の木と雌の木があり花弁の中に、雄花は4本の黄色い雄しべを、雌花は緑の柱頭だけをつけている。

第6章

四季に目を引く木々

四季が明確な日本では、季節ごとにさまざまな樹木が目を楽しませてくれる。早春、まず低山ではマンサクやダンコウバイなど黄色の花がいち早く芽吹き、北の山麓ではコブシが白い花を咲かせる。里の桜が終わる頃、山上はツツジの季節を迎える。秋はカエデ類が見事に山野を彩り、実りの季節を迎える。冬枯れの山で目を引くのは枝に寄生したヤドリギ、まるで動物の顔のような可愛い冬芽もある。そんな季節ごとに目を引く木々を紹介しよう。

赤や黄色で山上の秋を彩るカエデたち（山梨県・御坂山）

冬枯れの森にまず咲く黄色い毛糸くずのような花

マンサク

枝先にまとまって花をつける。よく見ると花びらは4枚

葉は菱形から広い卵型で長さは5～10㎝。付き方は互生

春(4～5月)

冬空の下で黄色い花を咲かせる（栃木県・那珂川町）

見られる場所 日光　奥武蔵　奥多摩　高尾山　丹沢　御在所岳　芦生の森　六甲山など

◎マンサク科マンサク属◎落葉小高木／樹高5～10m◎分布・本州、四国、九州の丘陵◎生育環境・日当たりのよい尾根筋や雑木林に生育。庭木にも利用される。

その名は“まず咲く”が訛ってマンサクになったとも言われる通り、晩冬の雑木林でいち早く花を咲かせる。冬枯れの枝に黄色の毛糸くずが絡んでいるようにも見える姿は一度覚えれば忘れない。地味な花だが、よく見ると黄色い4枚の花びらと暗紫色の4枚の萼片《がくへん》が印象的だ。マルバマンサクはその名の通り、葉が丸く、日本海側に多く生育する。

Column

春先に咲く黄色の花

春一番に咲く黄色の花はマンサクの他にも、ミツマタ(写真)やトサミズキがある。ミツマタはその名の通り、三叉に分かれた枝先に小さな花をいっぱいつける。トサミズキは本来、高知県土佐地方の山地に生育するミズキの仲間。

早春の山野を小さな黄色の花で彩る

アブラチャン、ダンコウバイ

ダンコウバイの葉

花が大きく黄色がはっきりしているダンコウバイ（東京都・奥多摩）

アブラチャンの花は淡黄緑色でダンコウバイより一回り小さい

春（3～4月）

葉柄が赤く分裂しないアブラチャンの葉。名は実から油がとれることから

見られる場所　**奥武蔵　奥多摩　高尾山　丹沢　芦生の森**など

◎クスノキ科クロモジ属◎落葉小高木／樹高３～７ｍ◎分布・本州（ダンコウバイは関東以西）、四国、九州の山地◎生育環境・山野のやや湿ったところに生育する

両者とも早春の同時期に花を咲かせるため、一見しただけでは見分けにくい。しかし、アブラチャンはやや湿った沢沿いなどに多く、ダンコウバイは暖地の山地に見られる。また、アブラチャンのほうが花が小さく、緑っぽく、花柄がある。葉が出ると違いは一目瞭然。ダンコウバイは葉が三裂し、秋には黄葉に色づき、なかなかよく目立つ。

Column

サンシュユとクロモジ

同時期に咲く花でよく間違えるのがサンシュユ（写真）。こちらは中国・朝鮮半島原産のミズキ科で、里の公園や庭先で見られるが、山中には生育していない。なお、同属のクロモジは葉の展開と花が同時に咲くので見分けられる。

芽吹き前に垂らす花かんざしのような花

キブシ

薄黄緑の花を枝先にいっぱいつけるキブシ（神奈川県・弘法山）

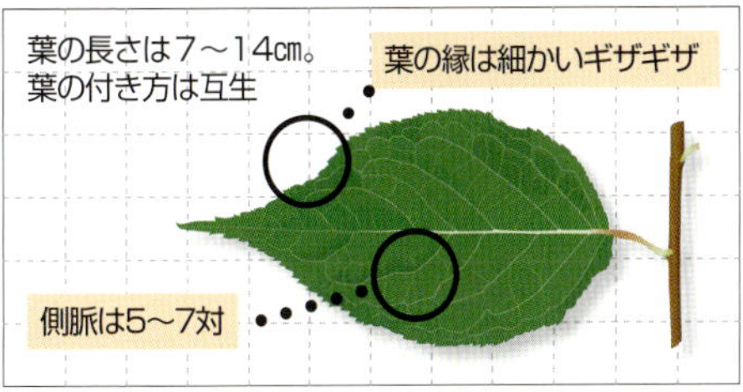
葉の長さは7～14㎝。
葉の付き方は互生
葉の縁は細かいギザギザ
側脈は5～7対

樹皮は灰褐色で滑らか。若木や枝は茶褐色で白く丸い皮目が入る

見られる場所 筑波山　奥武蔵　奥多摩　高尾山　丹沢　芦生の森　六甲山　開聞岳など

◎キブシ科キブシ属◎落葉小高木／樹高３～７ｍ◎分布・北海道（南西部）、本州、四国、九州の山地◎生育環境・丘陵や山地に広く生育する

山間の尾根筋などで他の樹木が芽吹き始める前に、舞妓さんが髪につける花かんざしのような花を付け注目を集める。ひとつの花は7㎜ほどと小さいが、特徴ある姿は一度覚えれば忘れないほど強い印象だ。葉は細長いものから、基部が円形のものまで個体差があるが、先が尖っているのが特徴。花が終わると緑の実をつけ、秋に熟する。

Column

実はお歯黒に！

江戸時代、既婚女性が葉を黒く染めたお歯黒にはヌルデの種子、五倍子《ごばいし》を使用した。しかし、より入手が楽だったキブシの実（写真）も五倍子の代用とした。五倍子を「フシ」とも呼んだことから、木のフシでキブシの名になった。

北の山地で春一番に咲くモクレン科の白い花

コブシ

北の里に春を告げるコブシ(宮城県・栗駒山山麓)

6枚の花弁とすぐ下の1枚の葉がコブシの目印

春(3～4月)

葉の長さは7～17㎝で葉の縁は全縁。葉は枝先に互生する

見られる場所 **鳥海山麓　栗駒山山麓　奥多摩　奥武蔵　丹沢　御在所岳　六甲山**など

◎モクレン科モクレン属◎落葉高木／樹高10～18m◎分布・北海道、本州、四国、九州の丘陵～山地◎生育環境・野山に広く生育する。庭木としても植栽される

葉に先立ち、白い花をいっぱいに広げる。満開時は木全体を白く染め上げ見事。最近は、庭や公園などにも多く植栽され、離れて見るとハクモクレンと見間違えるが、コブシは開花時に花の下に葉を1枚出している。また、花は一回り小さく、花びらが開き気味。樹皮は灰褐色で滑らか。かつて、東北地方ではコブシの開花を農耕の目安にしていた。

Column

タムシバとシデコブシ

タムシバはコブシよりも標高が高いブナ帯から豪雪地の山間に生育。ニオイコブシとも呼ばれ似ているが、タムシバも花の下に葉がない。花びらが多いシデコブシ(写真)は本州中部の限られた地に生育。園芸にも多く利用される。

冬枯れの山上で春一番に咲くピンクのツツジ

アカヤシオ

ミツバツツジと違い乳白がかったピンク色が特徴のアカヤシオ（栃木県・日光）

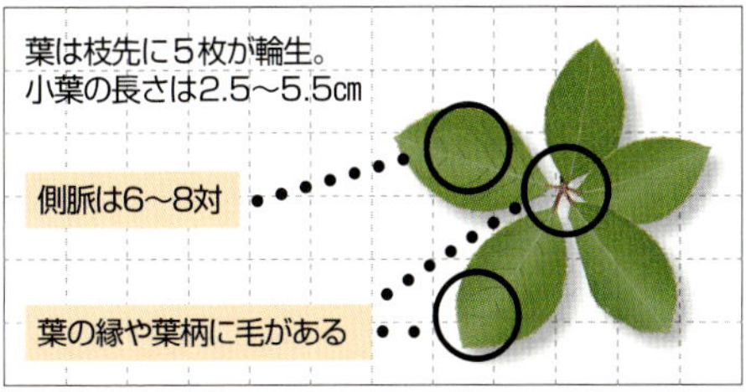
葉は枝先に５枚が輪生。
小葉の長さは2.5〜5.5㎝
側脈は6〜8対
葉の縁や葉柄に毛がある

葉の開きはじめは葉柄や葉の縁に赤みがある

初夏（4月末〜5月）

見られる場所　**奥日光　赤城山　西上州　奥秩父　奥多摩　丹沢　御在所岳など**

◎ツツジ科ツツジ属◎落葉小高木／樹高３〜６ｍ◎分布・本州（福島県〜兵庫県）
◎生育環境・日当たりのよい山上の尾根筋や露岩などに生育する

近畿以西に生育するアケボノツツジの変種で、別名アカギツツジともいわれる。その名の通り、群馬県の赤城山や県花になっている栃木の山々などで多く見られる。花びらは苺牛乳のような淡いピンク色で、桜にも似た丸いハート型。ツツジの仲間では大きく育つため、尾根筋では枝を広げる姿はなかなか立派。葉は枝先に５枚が輪生《りんせい》する。

Column

山上の春告げ花

ツツジのなかでは比較的標高の高い山上まで生育。関東では標高１700ｍ付近でも見られる。山麓ではすでに初夏でも、まだ山上は冬枯れの森。そんな中で、いち早く花を咲かせるため、登山者には山上の春告げ花として人気が高い。

山上で2番目に咲くピンクのツツジ

ミツバツツジ

ピンクの花が目を引くミツバツツジ(山梨県・百蔵山)

花びらが5枚、雄しべが5本のミツバツツジ

春(4〜5月)

トウゴクミツバツツジは花が散る前に3枚の葉を広げる。雄しべが10本

春(5月)

見られる場所 **日光　筑波山　奥武蔵　奥多摩　丹沢**など

◎ツツジ科ツツジ属◎落葉低木／樹高2〜3m◎分布・本州(関東中部〜東海)の山地から丘陵◎生育環境・関東周辺の低山や丘陵の尾根沿いに生育する

その名の通り、葉が3枚ずつつくのが特徴で、花は葉が開くよりも早く咲き出す。花びらはピンクで透明感がありきれい。山間ではアカヤシオに続いて2番目に咲くピンクのツツジ。ただし、ミツバツツジの仲間は種類が多く、正確に見分けるのは難しい。本種以外に、関東に多いトウゴクミツバツツジ、関西に多いコバノミツバツツジなどがある。

Column

トウゴクミツバツツジ

関東周辺のある程度標高が高い山域に多く生育。ミツバツツジとの一番の見分けポイントは雄しべの数。ミツバツツジが5本なのに対し、トウゴクミツバツツジは10本。トウゴクだから10本と覚えておくと忘れない。ちなみにトウゴクは「東国」の意味。また、ミツバツツジは3枚の葉が完全に開く頃は花が散ってしまうが、トウゴクミツバツツジはけっこう花が残っている。

春先に薄黄色の花を咲かせる岩塊のツツジ

ヒカゲツツジ

崖の上などに花を咲かせるヒカゲツツジ（栃木県・二股山）

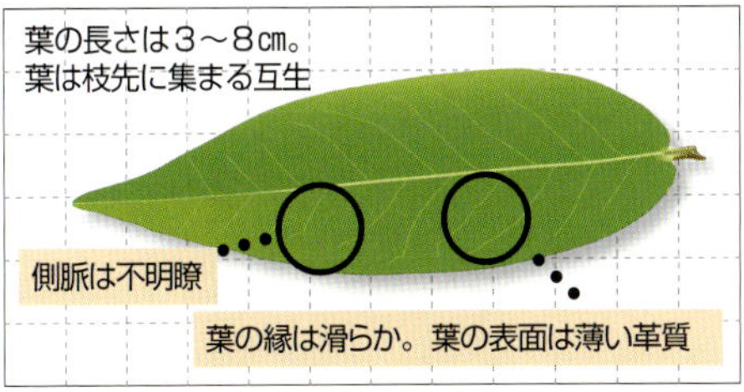
葉の長さは３～８㎝。
葉は枝先に集まる互生
側脈は不明瞭
葉の縁は滑らか。葉の表面は薄い革質

漏斗型の花は５㎝ほどの大きさで５裂する

春（4月）

見られる場所 **秩父　上野原の坪山　鳳来寺山　丹波の向山　石鎚山　雲仙普賢岳**など

◎ツツジ科ツツジ属◎常緑低木／樹高１～２ｍ◎分布・本州（関東以西）、四国、九州の山地帯◎生育環境・岩山や崖などに生育する。庭園にも植栽

里の桜が終わる頃、山間の岩塊や崖などに薄い黄色の花を咲かせる。関東周辺では上野原市の坪《つぼ》山《やま》の大群落が知られ、例年、4月中旬に見頃となる。その名の通り、日陰に多く生育するが、日当たりのよい岩上にたくさん花を付けていることもある。葉は枝先に集まって互生《ごせい》し、その上に花を２～５輪咲かせる。最近は庭園などにも植えられている。

Column

キバナシャクナゲ

ヒカゲツツジ同様、山上で薄黄色の花を咲かせる木にキバナシャクナゲがある。ツツジ科の常緑樹のため、花の雰囲気は似ているが、キバナシャクナゲはずっと標高が高いハイマツやコケモモなどに混じり、６～７月に花を咲かせる。

5枚の葉が目立つ愛子様お印の白いツツジ

シロヤシオ

新緑の緑に清潔感あふれる白い花が映える（栃木県・高山）

透過光で紅葉がグッと映えるシロヤシオの五葉

秋（10〜11月）

花は３〜４㎝で、花びらは5枚に裂ける

初夏（5〜6月）

見られる場所 那須・中の大倉山　奥日光　奥多摩　丹沢　御在所岳　石鎚山など

◎ツツジ科ツツジ属◎落葉小高木／樹高４〜８ｍ◎分布・本州（東北〜近畿）、四国の山地◎生育環境・山上の岩場などに生育する

ゴヨウツツジとも呼ばれ、5枚の葉が枝先に輪生《りんせい》する。愛子様のお印になったことで注目度アップ。ご用邸がある那須に聳える三本《さんぼん》槍岳《やりだけ》へと続く中の大倉山と尾根一帯には見事な群生地がある。花期はアカヤシオに比べ遅く、葉が出てから白い花を咲かせる。ツツジのなかでは最も大きくなり、太い幹は樹皮がマツに似るためマツハダとも呼ばれる。

Column

紅葉も見事

ツツジ類は、秋、オレンジ色や真っ赤に紅葉し、山上を彩る上で欠かせない樹木の一つだ。なかでも、ゴヨウツツジは色づきといい、５枚の葉が輪生する姿といい、とてもきれい。とくに、大木に育ったシロヤシオは、他の背が低いツツジと違い、下から見上げることができるため、太陽の光に空かして透過光で見る紅葉の美しさはピカイチだ。

全国の山野に広く分布するオレンジ色のツツジ

ヤマツツジ

木全体を覆うほどに花をつける満開時のヤマツツジ（静岡県・天城山）

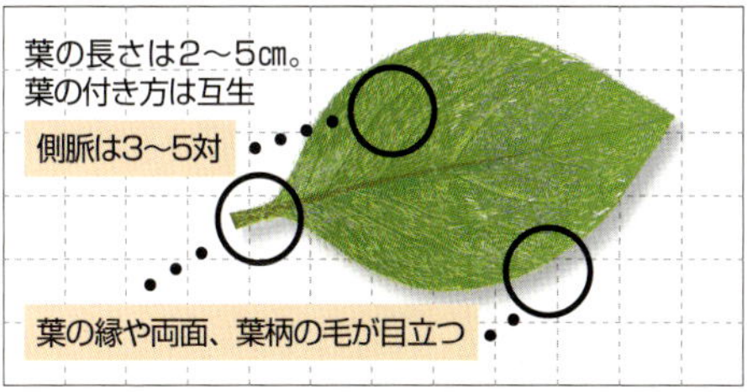
葉の長さは2～5㎝。
葉の付き方は互生
側脈は3～5対
葉の縁や両面、葉柄の毛が目立つ

花径は４～５㎝で５裂し、雄しべは５本

初夏（4～6月）

見られる場所 磐梯山　霧降高原　筑波山　奥武蔵　丹沢　芦生の森　六甲山など

◎ツツジ科ツツジ属◎半落葉低木／樹高１～４ｍ◎分布・北海道、本州、四国、九州の山地◎生育環境・山野のやや乾いた場所に生育する。

春から初夏を彩る日本を代表するツツジで、全国に広く生育する。山上ではミツバツツジが終わると、一斉に咲き出す。花の色は濃い朱色からオレンジまで幅があり、満開時は葉を覆い尽くすほど花をつけ見事。花は漏斗型《ろうとがた》で５つに裂け、他のツツジ同様、上の花びらに濃い斑点がある。葉は半落葉で、生育場所によって、夏につけた葉が越冬する。

Column

葉脈の毛に注目

ヤマツツジは山野に生育する他のツツジに比べ、葉の毛が多いのが特徴の一つだ。とくに葉柄や葉脈上、葉裏には褐色がかった毛が多く生えている。太陽の光が斜めから差し込むと、毛が金色っぽく輝いて見えて、なかなかきれいだ。

深山に生育する赤い筋が可愛い釣鐘型の花

サラサドウダン

5月末～6月に5～8㎜くらいの花をいっぱいにつける(群馬県・赤城山)

生け垣などでお馴染みのドウダンツツジは花先がつぼまる壺型

春(4～5月)

花の色の赤みが強く赤い筋が目立たないベニサラサドウダン

初夏(5～6月)

見られる場所 **安達太良山　奥日光　赤城山　西上州　丹沢　御在所岳　芦生の森**など

◎ツツジ科ドウダンツツジ属◎落葉低木／樹高２～５ｍ◎分布・北海道(南西部)、本州（近畿まで)、四国の山地◎生育環境・ブナ帯や岩稜付近などに生育する

深山の岩まじりの尾根道の林縁などで、初夏に赤い筋が細かく入った小さな花を垂らす。名は花が更紗染めのように見えることから。別名、フウリンツツジともいわれるだけに、里のドウダンツツジと違い、花先が壺型でなく釣鐘型となる。葉は枝先に輪生状に互生し、秋の紅葉もきれい。よく似た種に花の赤みが濃いベニサラサドウダンがある。

Column

灯台躑躅と満天星躑躅

ドウダンツツジは漢字で「灯台躑躅」とも「満天星躑躅」とも書く。ここでいう灯台とは、昔、油皿を乗せて明かりを灯した「結び灯台」のことで、その足の形が枝分かれする姿に似ていることに由来する。一方、「満天星躑躅」は、花が咲き誇る様子を空に輝く満天の星に見立ててのこと。すでに結び灯台を知らない世代には「満天星躑躅」に１票入れたい。

花期に葉が白やピンクに変化する蔓性の植物

マタタビ・ミヤママタタビ

葉先が白いマタタビ

葉が白からピンクに色づくミヤママタタビ（北海道・賀老高原）

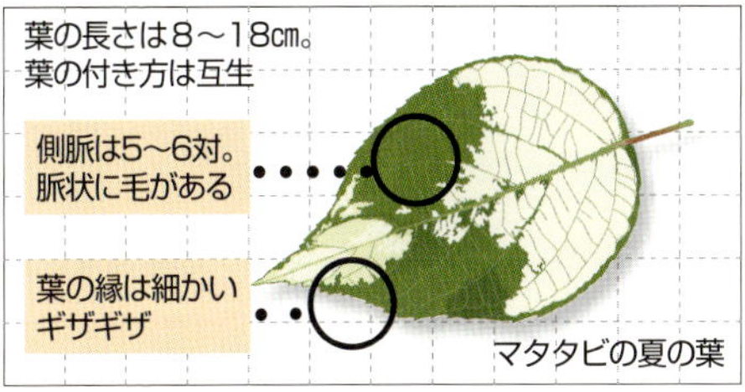
葉の長さは8〜18㎝。
葉の付き方は互生
側脈は5〜6対。
脈状に毛がある
葉の縁は細かい
ギザギザ

マタタビの夏の葉

マタタビアブラムシなどが寄生し、虫コブで凸凹になった木天蓼

見られる場所　**賀老高原　安達太良山　奥日光　奥多摩　丹沢**など

◎マタタビ科マタタビ属◎落葉蔓性／絡むものに準じて伸びる◎分布・北海道、本州、四国、九州の山地帯◎生育環境・ミヤママタタビはより深山や北日本に多い

初夏から夏の林縁で、木々に絡む白く変色した葉を目にする。これがマタタビだ。より深山に生育するミヤママタタビは、白からさらにピンクへと色をかえる。両者は色の違いでも見分けられるが、ミヤママタタビは葉の基部がハート型になっているのが特徴。葉の下には2cmほどの白い花が咲かせ、秋にはオレンジに熟した実をつける。

Column

珍重される虫コブの実

マタタビの果実は熟すると食べられるが、珍重されるのは虫コブができた木《もく》天蓼《てんりょう》と呼ばれるほう。木天蓼には鎮痛作用と強壮効果があるとされ、昔から薬用酒に利用されてきた。なお、マタタビの白い葉は実がなる頃には色が消え木々に紛れてしまう。果実を採集するなら、葉が白いうちに場所を見極めておこう。ただし、雌雄異株なので実がならないものもある。

カエデでは葉が一番小さいが色づきは最も鮮やか

イロハモミジ

渓谷沿いなど寒暖の差がある場所では色づきも鮮やか（栃木県・那須塩原）

環境により黄色にもなるイロハモミジもきれい

秋（10～11月）

樹皮は明るい灰褐色で滑らか。老木は浅い裂け目が入る

見られる場所　**塩原渓谷　日光　奥多摩　丹沢　箱根　京都・高尾　六甲山**など

◎カエデ科カエデ属◎落葉高木／樹高10～15m◎分布・本州（福島県以南）、四国、九州の山地から丘陵◎生育環境・平地から低山のやや湿った地に生育する

カエデの仲間で最も身近なのがイロハモミジだ。その名は葉の7つの分裂を、「イロハニホヘト」と数えたからといわれる。平地から低山の渓谷沿いなどのやや湿った地に多く生育する。秋、真っ赤に色づく姿は、数あるカエデのなかでもとくに美しく、庭園樹としても多く植栽される。モミジというと、どうしても紅葉ばかりもてはやされるが、春の若葉と赤い花、翼果のコントラストもきれい。よく似たカエデの仲間にはオオモミジがあるが、こちらはより標高の高い山間にあり、葉も7～11㎝と大きい。いずれも環境に応じて朱色や黄色にも色づく。オオモミジの変種のヤマモミジは主に日本海側に生育する。他に紅葉のきれいなカエデに、葉が5裂し真ん中の葉先が長いコミネカエデがある。

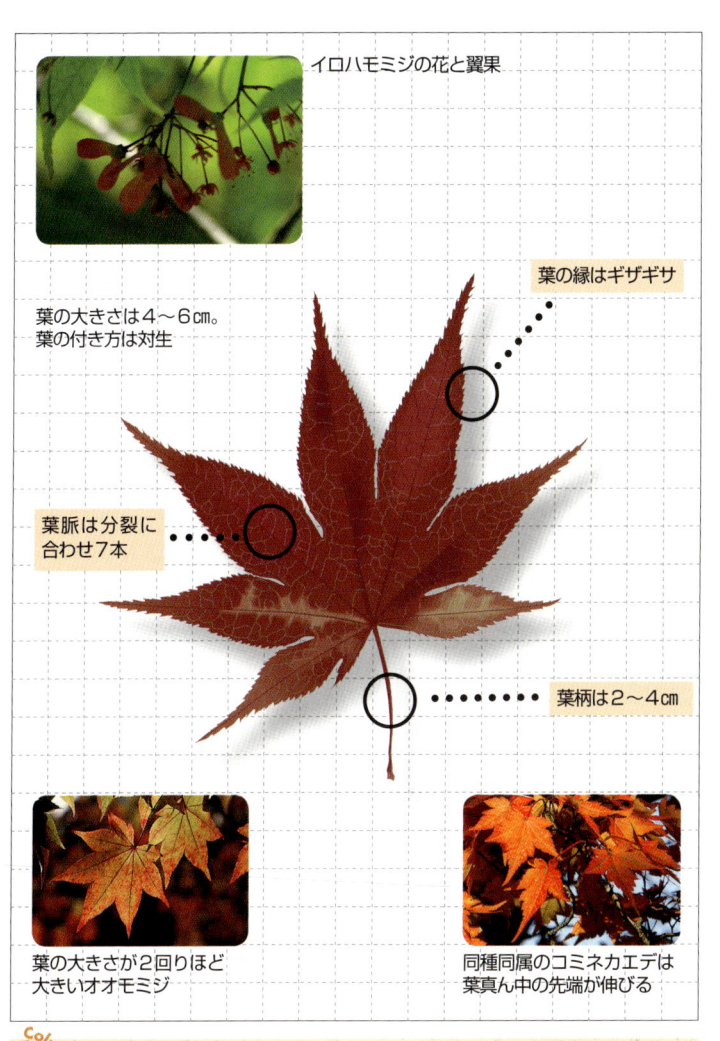

イロハモミジの花と翼果

葉の大きさは4～6㎝。
葉の付き方は対生

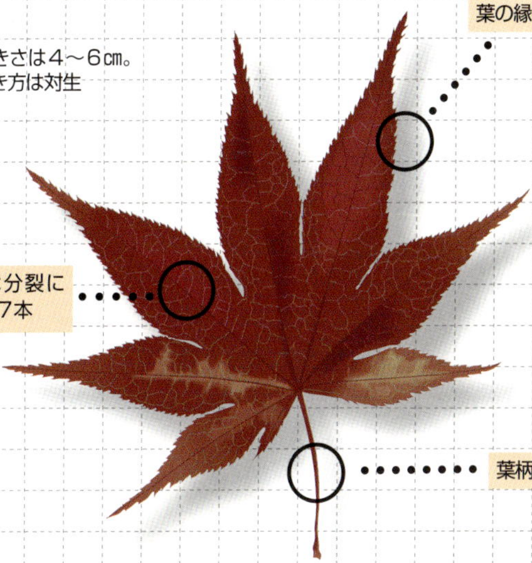

葉の縁はギザギザ

葉脈は分裂に
合わせ7本

葉柄は2～4㎝

葉の大きさが2回りほど
大きいオオモミジ

同種同属のコミネカエデは
葉真ん中の先端が伸びる

Column

紅葉と黄葉、木々が色づくわけ

落葉樹は寒い冬の間、葉を散らした方が生命維持が楽なために葉を散らす。その際、葉柄と枝の間に離層をつくるが、それにより光合成でできたデンプンや糖分が幹へと移動できなくなる。結果、葉のなかの過剰な糖分が赤い色素の元、アントシアンに合成される。一方、葉の老化が始まり葉緑素のクロロフィルの分解が進むと、それまで緑色に隠れていた黄色の成分、カロチノイドが目立ってくる。このアントシアンとカロチノイドのバランスで葉は赤や黄色になる。

分裂が浅く細かく入る一番葉が大きいカエデ

ハウチワカエデ

大きな葉が目立つ紅葉（群馬県・尾瀬）

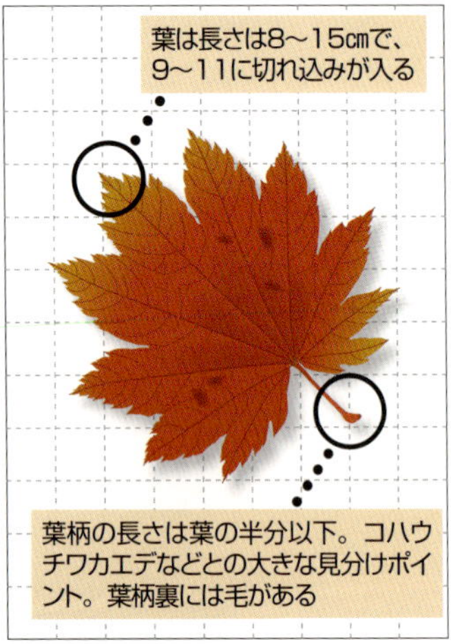
葉は長さは8～15㎝で、9～11に切れ込みが入る
葉柄の長さは葉の半分以下。コハウチワカエデなどとの大きな見分けポイント。葉柄裏には毛がある

新緑のオオイタヤメイゲツ。葉は大きいが、葉柄は長く毛がない

初夏（5～6月）

見られる場所 **磐梯山　尾瀬　奥日光　奥多摩　丹沢　芦生の森　石鎚山**など

◎カエデ科カエデ属◎落葉高木／樹高８～15m◎分布・北海道、本州の中部以北の山地◎生育環境・山間に広く生育する

鳥の羽を編み込みつくった羽団扇に似ていることから名がついた。他のカエデにくらべ葉は大きく浅く分裂。紅葉時は葉全体が一度に色づかず、葉先から赤くなるなど変化に富みきれい。色も黄色、オレンジ、赤などさまざまに染まる。他のカエデより寒冷に強く、標高の高いブナ帯に生育する。樹皮・灰白色～灰褐色でなめらか。

Column

似たカエデの見分け術

葉の形がよく似た種に、コハウチワカエデやオオイタヤメイゲツがある。見分けポイントは葉の大きさと葉柄《ようへい》の長さ、葉柄の毛の有無だ。コハウチワカエデはその名の通り、葉の大きさが最大でも8㎝ほどで2回り小さい。また、葉柄が葉身の半分以上の長さがある。オオイタヤメイゲツは大きさは10㎝ほどになるが、同様に葉柄が長く、また、葉柄に毛がないのが特徴。

葉の縁が滑らかで黄色に染まる高木のカエデ

イタヤカエデ

秋、登山道の根元に黄色い葉をいっぱいに落とすイタヤカエデ(山梨県・石老山)

亜種のオニイタヤは赤っぽく色づくことも多い

秋(10〜11月)

イタヤカエデの若葉。葉の大きさは7〜15㎝

初夏(5〜6月)

見られる場所 磐梯山　奥日光　奥多摩　丹沢　箱根　芦生の森　伯耆大山　石鎚山など

◎カエデ科カエデ属◎落葉高木／樹高15〜20m◎分布・北海道、本州、四国、九州の山地◎生育環境・針広混交林から低山まで生育する

カエデの仲間で葉の縁にギザギザがないのが一番の特徴。地域によって変種や亜種が多く、葉の分裂の深さなどが変わるが、広義にイタヤカエデととらえてよい。葉は5〜7裂し、葉の付き方は対生。他のカエデより大きく育つため、登山中、足下ばかり見ていると見落とすこともあるが、秋は、足下の黄色い葉が目を引く。樹皮は灰褐色で滑らか。

Column

イタヤカエデの樹液

山形県金山町の「暮らし考房」では、甘みがあるイタヤカエデの樹液「メープルサップ」を3月はじめに採集し、季節限定で販売している。樹液は煮詰めて、上品な甘みの国産のメープルシロップ(写真)にも加工販売される。

山上で目を引く赤い実と奇数羽状複葉

ナナカマド

山上を赤い実と葉で彩るナナカマド(栃木県・奥日光)

山上にやわらかな葉を広げる芽吹きもきれいなナナカマド

春(4～5月)

秋に真っ赤に色づくナナカマドの実。果実酒にも利用される

秋(9～11月)

見られる場所 大雪山　栗駒山　奥日光　奥多摩　丹沢　六甲山　伯耆大山など

◎バラ科ナナカマド属◎落葉高木／樹高6～10m◎分布・北海道、本州、四国、九州の丘陵～山地◎生育環境・日本の低山から高山帯まで広く生育する

ブナ帯から亜高山の林縁などに生育。秋は真っ赤になり、常緑樹の森ではひときわ目を引く。葉は小葉が9～15枚つく奇数羽状複葉で互生。小葉の長さは5～8㎝で葉の縁に細かいギザギザが入る。名は材が堅く7度、竈に入れても焼け残るから。ハイマツ帯などに見られるのは、背が低いウラジロナナカマドやタカネナナカマド。

Column

赤い実の誘惑！

秋、植物が木の実を赤くするのは鳥寄せの戦略だと言われる。鳥に食べられた実は、種子だけが糞と一緒に排泄され分布を広げるのだ。しかし、ナナカマドは、雪が降り始めても枝先に赤い実をつけていることが多い。冬が訪れ、いよいよ山野に餌がなくなって、やっと鳥たちは実をついばみ始める。鳥にとって、ナナカマドの実はあまり美味しくないのかもしれない。

赤い葉が目を引くがかぶれに注意

ヤマウルシ

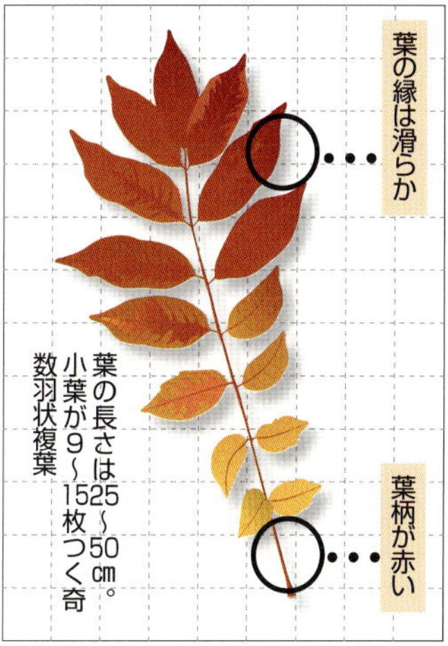
葉の縁は滑らか
葉柄が赤い
葉の長さは25〜50cm。小葉が9〜15枚つく奇数羽状複葉

羽状複葉のハゼノキの若葉。ヤマウルシに比べて、小葉が細身で厚い

初夏（5〜6月）

枝先に葉を広げる（群馬県・尾瀬）

見られる場所 磐梯山　尾瀬　日光　奥多摩　丹沢　芦生の森　六甲山　伯耆大山など

◎ウルシ科ウルシ属◎落葉小高木／樹高3〜8m◎分布・北海道、本州、四国、九州の山地◎生育環境・山地から丘陵などの林縁に生育する

日本各地の山に見られ、秋、他の木々より一足早く色づくのでよく目立つ。奇数羽状複葉の葉は枝の先端部にまとまって互生。下部の小葉は小さくいびつなことが多い。樹皮は灰褐色で縦に白い筋が入り、樹液は触れるとかぶれるので注意。なお、漆器《しっき》に利用されるウルシは多くが中国産の栽培種で大きくなるが、本種の標準は3〜5mほど。

Column　ハゼノキの実の和蝋燭

同科同属で紅葉がきれいな木にハゼノキがある。ウルシは漆器に利用されることはよく知られるが、ハゼノキも昔はその実が蝋燭《ろうそく》に利用されてきた。今も、愛媛の内子や飛騨地方などでは昔ながらの製法で和蝋燭がつくられている。

枯れ木さえも鮮やかな赤で彩る蔓性の植物

ツタウルシ

ツタウルシの紅葉（栃木県・奥日光）

3出複葉で葉は互生につく。
小葉の長さは5～12㎝
葉の縁は滑らかで
側脈は7～9対

幹に絡んだ3出複葉が真っ赤に色づく。透過光でみるととくにきれい

秋(10～11月)

見られる場所 磐梯山　尾瀬　奥日光　奥多摩　丹沢　六甲山　伯耆大山など

◎ウルシ科ウルシ属◎落葉蔓性／絡むものに準じて伸びる◎分布・北海道、本州、四国、九州の山地◎生育環境・低山から高山まで生育する

山野を歩いていて、いち早く紅葉する蔓性植物の一つがツタウルシだ。気根を出して、木々を這い登り、幹全体を真っ赤に染める姿は遠目にもよく目立つ。新緑時は、ときに立ち枯れの木々を衣装をつけたように緑にカムフラージュし見事だ。葉は3枚ずつつく3出複葉。初夏には黄緑色の目立たない花をつけ、秋には黄褐色の実をつける。

Column
ウルシかぶれに注意

ウルシの仲間は、樹液にアレルギー性皮膚炎を引き起こすウルシオールなどの物質が含まれているので注意。なかでもツタウルシはより成分が強く、敏感な人は近づくだけでもかぶれる。いずれにしても、山道沿いにウルシ科の葉が伸びていたら、邪魔だからと葉を折ったりするのはやめたい。自分だけなく、後を通過する人も樹液に触れてかぶれたりすることになる。

日本で一番大きい葉をもつ山野のブドウ

ヤマブドウ

大きな赤い葉が遠くからも目をひくヤマブドウ（栃木県・奥日光）

葉は５角形を帯びた心円型で最大30cmになる
夏（6～7月）

実は個体差があるが甘酸っぱくて美味しい
秋（9～10月）

見られる場所 賀老高原　磐梯山　奥日光　奥多摩　丹沢　伯耆大山など

◎ブドウ科ブドウ属◎落葉蔓性／絡むものに準じて伸びる◎分布・北海道、本州、四国の山地◎生育環境・高原や山上の日当たりのよい地で木々に絡み生育する

山野で蔓性の植物で巨大な心円型の葉を見たらヤマブドウの可能性が高い。日本に自生するブドウでは葉が一番大きく30cm近くにもなる。大きいものは20～30mにも蔓が伸び、茎も10cmの太さに成長。花は黄緑色で目立たないが、秋には黒紫に熟した実をいっぱいつける。実は甘酸っぱくて生食できる。紅葉もきれいで遠くからでも目立つ。

Column

生食できる果実

夏の早い時期、誰もが見分けやすいのがキイチゴの仲間。なかでもオレンジ色に熟すカジイチゴやモミジイチゴは甘く美味しい。秋は紫色の果皮が目を引くアケビ（写真）や、キウイフルーツに味が似たサルナシも生食でき美味しい。

秋の野山で紫色の実がよく目立つ低木

ムラサキシキブ

初秋の山野で鮮やかな紫の実が目を引く（埼玉県・大霧山）

芽吹いたばかりのムラサキシキブの若葉

春(4～5月)

直径3～4㎜の小さな実はコムラサキシキブに比べまばら

秋(10月～11月)

見られる場所 霧降高原　奥武蔵　高尾山　奥多摩　丹沢　芦生の森　六甲山など

◎クマツヅラ科ムラサキシキブ属◎落葉低木／樹高2～3m◎分布・北海道（南部）、本州、四国、九州、沖縄の山野◎生育環境・山野に広く生育する

初秋のまだ葉が緑を残している時期に、山野でとくに目を引くのがムラサキシキブだ。山野の数ある実のなかで、これほど美しい紫の実は数少ない。名前はもちろん『源氏物語』の作者、紫式部からとられた。実の時期以外はつい見逃しがちだが、6～8月に淡紫色の小さな花をたくさんつける。葉は細長い楕円形で、葉の付き方は対生する。

Column

コムラサキシキブ

ムラサキシキブに比べ、全体に小型なのでその名が付く。しかし、紫の実はより多くつくので、園芸に利用されることが多い。葉はムラサキシキブが全体に細かいギザギザがあるのに対し、こちらは葉の上側のみとなり見分けられる。

冬枯れの森に緑のぼんぼりを灯す寄生植物

ヤドリギ

ブナの枝に寄生したヤドリギ（山形県・月山）

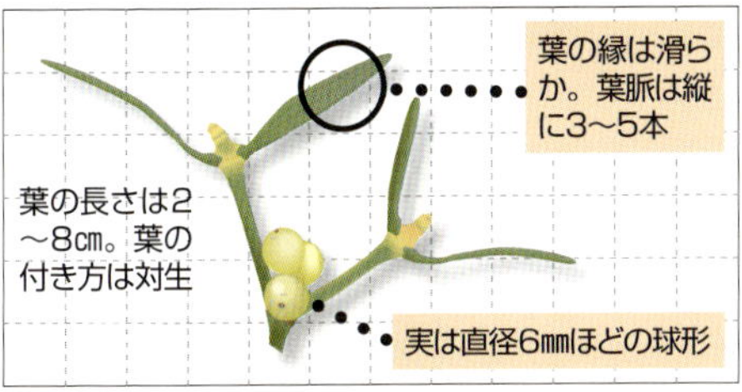
葉の縁は滑らか。葉脈は縦に3～5本
葉の長さは2～8㎝。葉の付き方は対生
実は直径6㎜ほどの球形

冬枯れのケヤキに丸く繁茂するヤドリギ

冬（11月～3月）

見られる場所 **月山　磐梯山　奥武蔵　奥多摩　丹沢　山中湖　乗鞍高原**など

◎ヤドリギ科ヤドリギ属◎常緑低木／樹高40～50㎝◎分布・北海道、本州、四国、九州の山地帯◎生育環境・高原から山上で木々の枝に寄生する

冬枯れの高原や山野を歩いていると、樹上の枝に丸く繁茂する緑で目を引く。ヤドリギはケヤキ、エノキ、ミズナラ、サクラなどに主に寄生するが、さらに標高が高い地にも見られ、スキー場などではブナやシラカバに寄生する姿を見ることもできる。葉は革質で厚く竹とんぼのように枝先に対生する。晩秋から冬にかけて黄色い実をつける。

Column

分布拡大の戦略

冬枯れの餌の少ない時期に緑を保ち実をつけるヤドリギは、鳥には格好の餌に見える。しかし、黄色い実は粘りけが強く嘴にくっつきやすい。さらに、糞と一緒に排出された種子も粘りけを保っている。結果、鳥が方々の枝で嘴についた実をこそぎ落としたり、樹上で糞をすることでヤドリギは分布を広げていく。根を下ろしたら動けない樹木も様々な戦略で分布拡大を図る。

冬枯れの枝先で春を待つ冬芽葉痕が羊の顔のよう

オニグルミ

オニグルミの実

葉が落ちた跡が羊の顔にも見えるオニグルミ（埼玉県・奥武蔵）

夏には直径3㎝ほどの実を10個程つける
夏(7〜8月)

枝先にブラリと垂れ下がった薄黄緑色の雄花
春(4月〜5月)

見られる場所 **磐梯山　奥武蔵　高尾山　丹沢　芦生の森　六甲山**など

◎クルミ科クルミ属◎落葉高木／樹高10〜20m◎分布・北海道、本州、四国、九州の山野◎生育環境・山野の川沿いに生育する

川沿いの湿った場所に多く見られ、夏は大きな奇数羽状複葉を広げる。秋に熟する緑の実のなかには胡桃《くるみ》が入っている。胡桃は殻は堅を割るのが大変なほど堅いが、中身は味が濃くて美味しい。冬枯れの時期はぜひ枝先に注目したい。ビロードをまとったような冬芽とその下の葉が落ちた跡の葉痕がなんとも面白い。まるで羊や猿などの顔のよう。

Column

冬芽を楽しもう

落葉樹は葉を落とすと、早くも枝先に春の準備を始める。ミズナラは幾重もの芽鱗でギュッと固く閉じた冬芽を付け、アジサイ(写真)はゴムのような厚い赤紫色の裸芽がある。冬の森は枝先に目を向けると新たな出会いがある。

立木に絡み春まで残る天然のドラフラワー

ツルアジサイ

ツルアジサイの花

冬枯れの森でドライフラワーになったツルアジサイ（栃木県・奥日光）

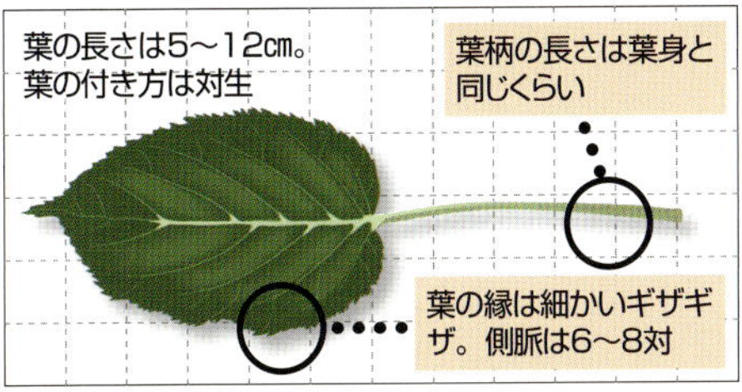
葉の長さは5〜12㎝。
葉の付き方は対生
葉柄の長さは葉身と同じくらい
葉の縁は細かいギザギザ。側脈は6〜8対

木の幹や枝をすべて覆い尽くすほどに茂る葉

夏(6月〜8月)

見られる場所 **賀老高原　磐梯山　奥日光　奥多摩　丹沢　芦生の森　六甲山　伯耆大山**など

◎ユキノシタ科アジサイ属◎落葉蔓性／絡むものに準じて伸びる◎分布・北海道、本州、四国、九州の山地◎生育環境・広く山地帯で木々に絡みつき生育する

その名の通り、気根を出して樹木や岩を這い登っていくアジサイ。夏にはたくさんの白い飾り花をつけ他の樹木を飾りつける。その花は秋を迎え落葉しても落ちず、来春までドライフラワーのまま残っている。よく似た落葉蔓性の種類にイワガラミがあるが、こちらは飾り花の萼片が１枚しかなく、また葉はハート型なので区別はつけやすい。

Column

雪面を滑るドライフラワー

冬、スノーハイクなどを楽しんでいると、雪面にツルアジサイのドライフラワーが落ちていることがある。周囲を見ると、すぐそばにツルアジサイがあることもあるし、見あたらないこともある。春先の締まった雪面だと、風に吹かれてけっこう遠くまで移動しているわけだ。こうしてツルアジサイも分布域を広げて行くのかと思うと植物のしたたかさを感ぜずにはいられない。

第７章

樹木観察を楽しむために

目の前の木々や花がなんなのかを知るためには、樹木図鑑や植物図鑑などで調べることになる。しかし、それらの専門書にはさまざなま専門用語が出てくる。本書では、できるだけ、平易な言葉を利用したが、今後、さらにステップアップするには、覚えておきたい樹木の基本や森の知識、専門用語がある。そこで、７章では樹木観察を楽しむために必要となる基礎知識や用語、さらに森歩きを楽しむための観察術やマナーなどについて紹介したい。

山腹にそびえるカツラの大木の観察を楽しむ（神奈川県・生藤山）

広葉樹と針葉樹を見分けよう

樹木は大きく分けると、広葉樹と針葉樹になる。広葉樹は丸く広い葉を持った木で、針葉樹は針状また鱗状の細い葉をもった木だ。一般的には広葉樹は被子植物、針葉樹は裸子植物とも呼ばれるが、ごく簡単に言い表すなら、被子植物はいわゆる花びらがあり、裸子植物は花びらがない。現在、植物の大半が被子植物、樹木では広葉樹になる。

両者は、葉や花以外にも、多くの点で対照的だ。樹形ひとつ見てみても、広葉樹は丸みを帯び、全体にこんもりとした姿をしているが、針葉樹は主幹がはっきりし、まっすぐ天に向かって伸びている。

森全体を見ても、広葉樹林と針葉樹林ではイメージがまったく異なる。広葉樹林はもくもくと沸き上がる雲のようで、やわらかな表情をしているが、針葉樹林は閉じ傘を逆さに並べたような感じ。森の輪郭が整然とすっきりとした印象だ。色彩的にも広葉樹は同じ緑でも濃淡があり、四季を通じさまざまな色合いで彩られる。しかし、針葉樹林は緑が濃く全体に黒く暗い印象がある。

広葉樹と針葉樹はこのように何から何まで対照的なので、誰もが迷うことなく、見分けられるだろう。

広葉樹は葉が広く丸い（ブナ）

針葉樹は葉が狭く細い（オオシラビソ）

枝分かれが多い広葉樹（ミズナラ）

幹がスーッと伸びる針葉樹（シラビソ）

落葉樹と常緑樹を見分けよう

樹木のなかには、毎年、秋に葉を散らせる落葉樹と、年間を通じ緑の葉をつけている常緑樹がある。それは、広葉樹にも針葉樹にも、それぞれある。つまり、樹木をさらに細かく分類すると、常緑広葉樹、落葉広葉樹、常緑針葉樹、落葉針葉樹の4つに分けることができる。

まず、常緑広葉樹は比較的暖かい環境に生育する木で、シイやカシの仲間などがこれにあたる。葉の表面が革質《かくしつ》化しており、光沢があるのが特徴だ。そのため、「照葉樹」とも呼ばれている。ちなみに、葉表面が革質化されているのは、内部の水分蒸発を抑えるために、クチクラ層が発達しているからだ。

葉に光沢がある常緑広葉樹

落葉広葉樹は、四季が明確で冬が寒くなる環境にも適応した樹木だ。日本では最も種類が多く、ブナやミズナラ、コナラなどに代表される。夏に葉をつけ、冬に葉を落とすため「夏緑樹」とも呼ばれる。日本の森が四季折々に美しいのも、これらの落葉広葉樹が広く、全国に分布しているからに他ならない。

常緑針葉樹は落葉広葉樹よりさらに低温や乾燥地帯にも耐えられる樹木だ。比較的、低山域に生育するマツ、スギ、モミなどから、冬、深い雪に埋もれてしまう亜高山帯に生育するコメツガ、シラビソ、オオシラ

四季が鮮やかに彩られるのは落葉広葉樹のおかげ

日本唯一の落葉針葉樹のカラマツ

寒さに強い亜高山帯の常緑針葉樹

ビソなどがその代表だ。とくに、寒冷地に生育する常緑針葉樹は、体内の成分を調節することで、厳寒期も幹内が凍結しないよう、環境への適応がなされている。

落葉針葉樹は公園などに植栽されるメタセコイアなどを除けば、日本に自生する種は、カラマツだけだ。秋には黄金色の葉をパラパラと散らせる姿は、落葉広葉樹とはひと味違った秋を演出してくれる。春の芽吹きも広葉樹とは違う可愛さだ。

山にはこの４タイプの樹木が水平分布と垂直分布の影響を受けながら生育している。この４分類を見極めることで、樹種の特定は始まる。

【樹木の4分類】

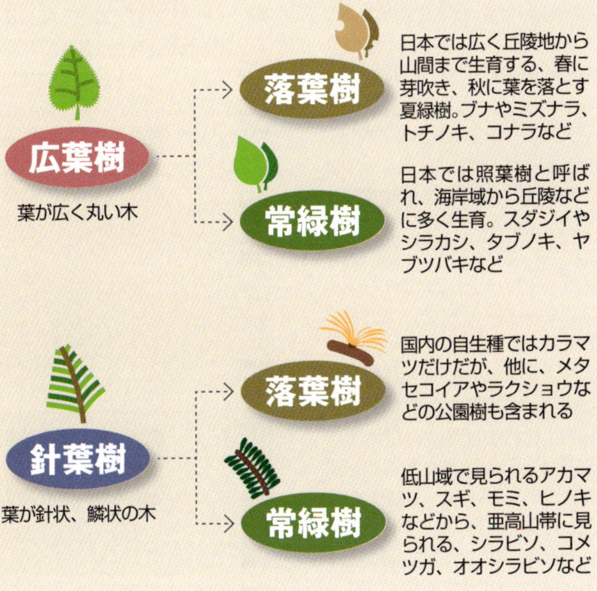
広葉樹
葉が広く丸い木
落葉樹
日本では広く丘陵地から山間まで生育する、春に芽吹き、秋に葉を落とす夏緑樹。ブナやミズナラ、トチノキ、コナラなど
常緑樹
日本では照葉樹と呼ばれ、海岸域から丘陵などに多く生育。スダジイやシラカシ、タブノキ、ヤブツバキなど
針葉樹
葉が針状、鱗状の木
落葉樹
国内の自生種ではカラマツだけだが、他に、メタセコイアやラクショウなどの公園樹も含まれる
常緑樹
低山域で見られるアカマツ、スギ、モミ、ヒノキなどから、亜高山帯に見られる、シラビソ、コメツガ、オオシラビソなど

葉から樹種を調べてみよう

樹種を探るうえで大きな手がかりが葉だ。まず、広葉樹か針葉樹か、落葉樹か常緑樹かを見分けたら、はじめに葉の形からチェックだ。

❶単葉か複葉かをチェック

単葉《たんよう》とはブナやカエデなどのように小葉が分かれていない葉。**複葉《ふくよう》**はナナカマドやトチノキなどのように1つの葉柄に小葉が複数出ている葉だ。さらに、単葉はブナのように葉が分裂していないか、カエデのように葉が分裂しているかで、葉の絞りこみができる。

複葉は葉軸に対して小葉がどのように付いているかをチェック。トチノキなど手の平を広げたようなのが**掌状《しょうじょう》複葉**。ナナカマドなどのように、鳥の羽のようなのが**羽状《うじょう》複葉**。

さらに複葉を細かく見ると、羽状複葉にも奇数羽状や偶数羽状がある。また、3枚の葉が出るのが三出複葉もあるが、それらは、ステップアップする段階で覚えていけばよい。

❷葉の付き方をチェック

樹種を選定する上では葉の枝へのつき方もポイントとなる。葉が交互に枝につくのが**互生《ごせい》**。枝の両側に並んで2枚つくのが**対生《たいせい》**。3枚以上の葉が同じ場所につくのが**輪生《りんせい》**。さらに、これらの節間がつまって束状に見えるほどになったものが**束《そく》生《せい》**だ。ただ、一部を除き、ほとんどは互生か対生となる。枝先にまとまっていると輪生のように見えることがあるが、輪生状に見える互生が多い。

❸葉の縁をチェック

葉の縁も樹種を知る上でポイントとなる。サクラの葉のようにギザギザになっているのが**鋸歯縁《きょしえん》**。クスノキのようになめらかなのが**全縁《ぜんえん》**。

これらをチェックしても分からない場合は、葉の専門図鑑等を参照のうえ、葉脈や葉裏の様子なども調べてみるとよいだろう。

❹針葉樹をチェック

針葉樹の見極めは、まず、葉がヒノキなどのように**鱗状葉《りんじょうよう》**なのか、マツやモミのように**針状葉《しんじょうよう》**なのかをチェック。さらに、針状葉の場合、葉の付き方が**羽状《はねじょう》**か、**束状《たばじょう》**かが基本分類だ。あとは、葉の長さや葉裏の様子、自生地などをもとに選定することになる。ただ、国内の山野に見られる針葉樹の種類はあまり多くないので、樹皮の様子などと合わせ、トータルに覚えてしまったほうが早い。

葉が対生につくカツラ

葉が束状につく針葉樹のカラマツ

広葉樹

❶葉の形をチェック

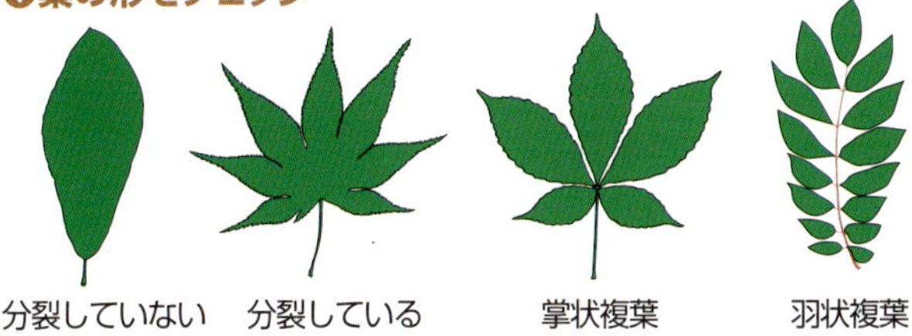
分裂していない
分裂している
掌状複葉
羽状複葉

❷葉の付き方をチェック

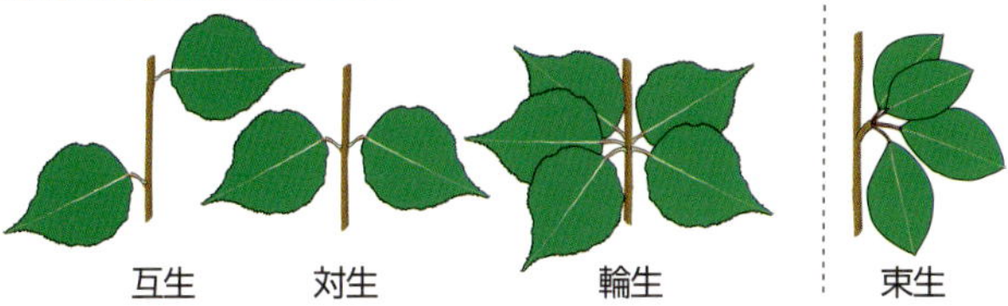
互生
対生
輪生
束生

❸葉の縁をチェック

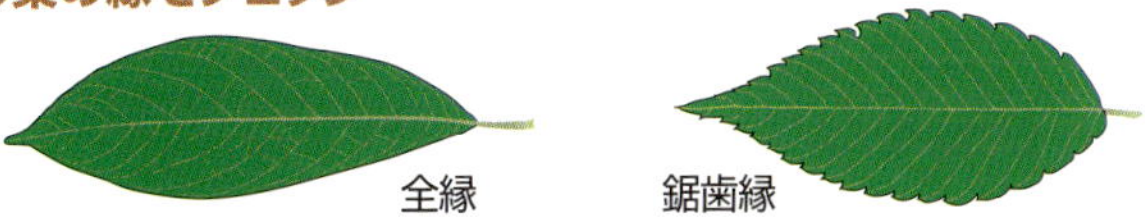
全縁
鋸歯縁

針葉樹

❶葉の形をチェック

❷葉の付き方をチェック

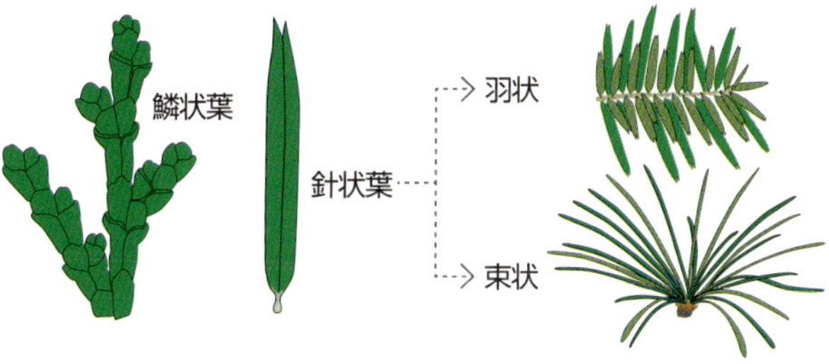
鱗状葉
針状葉
羽状
束状

樹木の基礎用語

【樹や森の用語】

高木《こうぼく》　樹高が8m以上の木。

小高木《しょうこうぼく》　樹高が3～8mの木。亜高木とも呼ばれる。

低木《ていぼく》　樹高が3m未満の木。

樹高《じゅこう》　地面から梢の先までの高さ。

樹皮《じゅひ》　木の皮。樹齢や生育環境によって変化することが多い。

主幹《しゅかん》　はっきり分かる一番太い幹。

根《ね》　大地に伸ばし、水分などを吸収するとともに、倒壊から木を守る。

枝《えだ》　主幹から伸び葉や花をつける部分。樹型の形成に大きく影響する。

ひこばえ　幹の根元から生える枝や幹。カツラなどに多く見られる。

樹冠《じゅかん》　樹木上部の枝や葉が茂っている部分。

実生《みしょう》　種子から成長したもの。

冬芽《ふゆめ》　冬の休眠中の枝先についている芽。「とうが」とも読む。なお冬芽には花芽《はなめ》と葉芽《ようが》および両方入っているものがある。

皮目《ひもく》　樹皮表面の小さな筋や点状の裂け目。

雑木林《ぞうきばやし》　さまざまな樹種が育つ林。かつては、薪や炭などを得るために活用した人里近い林を呼んだ。

原生林《げんせいりん》　昔から現在まで、人の手が加えられていない森林。厳密には、本当の原生林は数少ない。

自然林《しぜんりん》　植林や保育がされていない森林。長年、放置され、本来の姿を戻している森は広い意味で自然林とも呼んでいる。天然生林とも言う。

植林《しょくりん》　スギやヒノキ、カラマツなど人の手により木が植えられ森林。

【葉の用語】

葉柄《ようへい》　葉と枝をつなぐ柄の部分。

葉脈《ようみゃく》　葉の中に伸びる筋。中心の葉脈を主脈《しゅみゃく》、そこから左右に伸びる葉脈を側脈《そくみゃく》という。

葉身《ようしん》　葉の柄を除いた葉の本体部分。葉の大きさはこの長さをさす。

【花の用語】

小葉《しょうよう》　複葉を構成する小さな葉。

花弁《かべん》　花びらのこと。

雄《お》しべ　雄性の機能をもつ生殖器官で、「雄《ゆう》ずい」ともいう。

雌《め》しべ　雌性の機能をもつ生殖器官で、「雌《し》ずい」ともいう。

雄花《おばな》　雄しべだけが発達し、雌しべが機能していない単性花。

雌花《めばな》　雌しべだけが発達し、雄しべが機能している単性花。

両生花《りょうせいか》　ひとつの花の中に、雄しべと雌しべの両方がある花。

総苞《そうほう》　花の下にあり、蕾を包んでいる部分。ヤマボウシなどの総苞は大きく、花びらのようにも見える。

萼《がく》　花の外側にある部分。萼片は1枚ずつの個々をいう。アジサイのようにガクが大きくなり、花びらのように見えるものを装飾花ともいう。

【ドングリとマツボックリの用語】

殻斗《かくと》　いわゆるドングリの帽子を指す。栗のイガなども殻斗にあたる。

球果《きゅうか》　裸子植物がつける、いわゆるマツボックリのこと。

種鱗《しゅりん》　マツボックリにつく鱗状の部分。このすき間に種を収めている。

木に関する用語

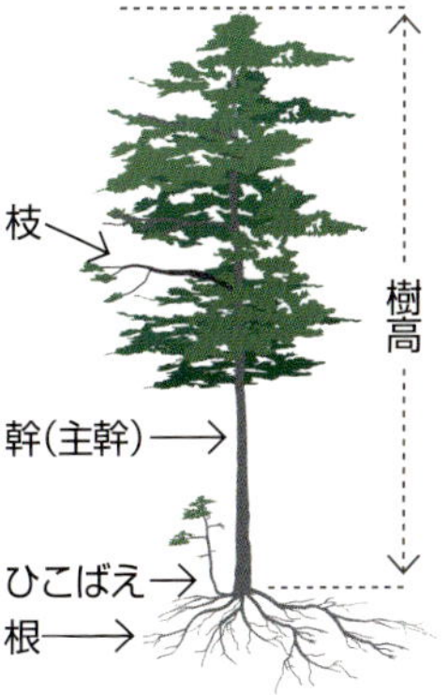
枝
樹高
幹（主幹）
ひこばえ
根

葉っぱ各部の名称

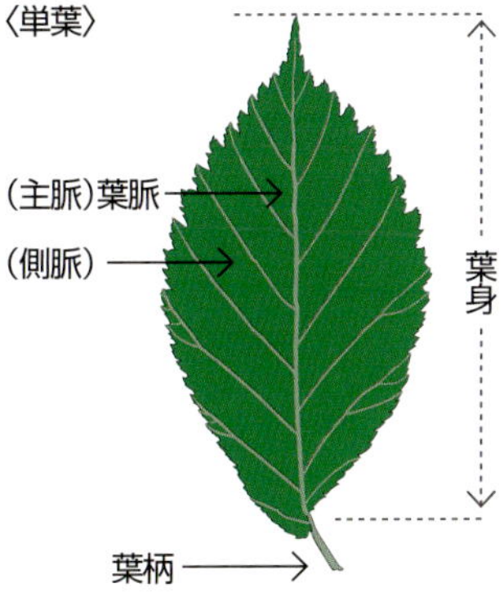
〈単葉〉
（主脈）葉脈
（側脈）
葉身
葉柄

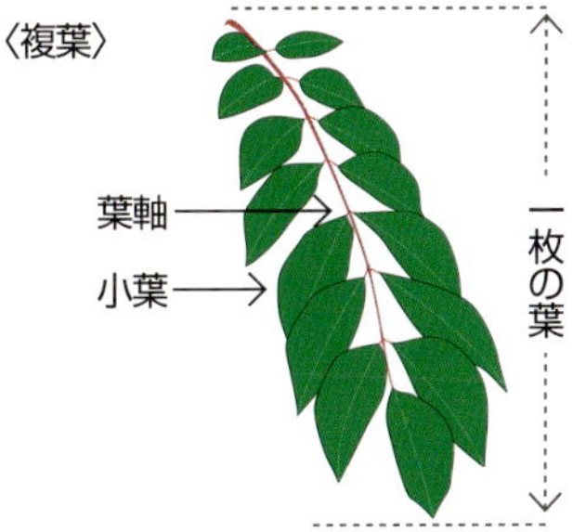
〈複葉〉
葉軸
小葉
一枚の葉

花の名称

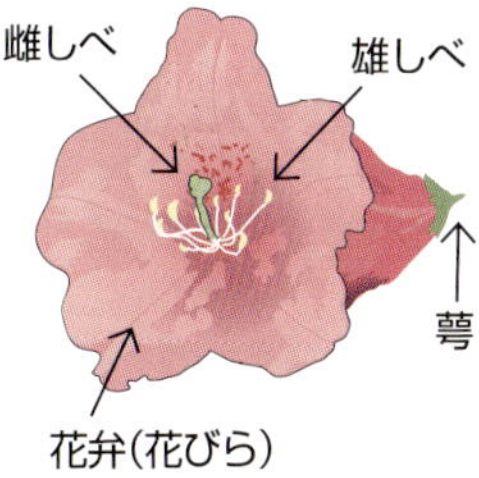
雌しべ
雄しべ
萼
花弁（花びら）

マツボックリとドングリ

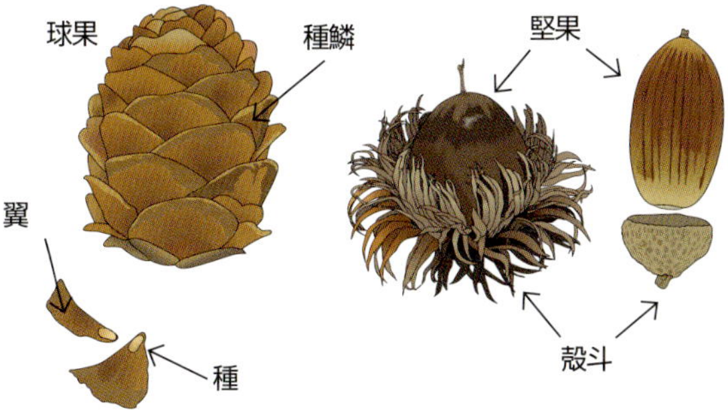
球果
種鱗
翼
種
堅果
殻斗

広い目で森歩きを楽しもう

森は上から下まで目を向ける

樹木観察では木の種類を見分け覚えることも大切だが、広い目をもって木を、森を、眺めると、より楽しみが増える。

たとえば、ブナの森を歩いていると、つい、ブナばかりに目が向いてしまうもの。それも、大きく育った枝張り見事なブナに……。しかし、その下にはムシカリが白い花を咲かせ、林床では、春に芽生えた小さなブナがある。さらに、さまざまな山野草が花を咲かせ、ギンリョウソウなどがユーモラスな姿を見せていたりする。

一方、亜高山帯の森だって、シラビソやコメツガ、シャクナゲ、ダケカンバだけではない。枝にサルオガゼが着生していたり、林床では、次の世代を担う稚樹が芽生え、山道の縁ではゴゼンタチバナが可愛い花を咲かせていたりする。

ブナ帯などで見られるギンリョウソウ

林床に芽生えたブナの幼樹

森は、高木があり、小高木（亜高木）があり、低木があり、そして、林床の草花が育ち、形成されている。森を上から下まで、きちんと見ることで、楽しみはグーンと増える。

隣あう木を観察してみる

森は上から下だけでなく、隣にもさまざまな木や植物がある。同じ樹種の場合もあれば、異なる樹種の場合もある。そんな隣接する木々に目を向けてみるのも面白い。

たとえば、隣あう木々の樹上を見てみる。それだけでも、新しい発見がある。木々は他の木に負けないように太陽の光を浴びようとしている。結果、隣あう木々はつねに制空権争いをしている。他の木が枝を広げていない空間があれば、そこを目指して枝を広げる。よく見ると、互いの枝が重なり合うのを避けるよう

亜高山帯の林床を飾るゴゼンタチバナ

樹上を見上げると隣り合う木々のせめぎ合いが見られる

に枝を広げているのがわかる。結果、樹上を見上げると、木々の境を分けるように、一本の空の道が抜けていたりする。

そして、ある木が倒れると、その部分がポッカリと空が抜ける。すると、林床に陽射しがたっぷり届くようになり、そこには、早くも新しい木々が芽生え、背を伸ばし始めていたりするのだ。

森の生物にも目を向ける

森は植物だけではない。他にも、野生動物が潜み、野鳥が囀り、さらに、昆虫が生活をしている。せっかく、緑豊かな森へ入るなら、そのすべてを楽しみたい。さまざまな部分に目を向け、耳を傾け、そして匂いを嗅ぎ、手に触れ、ときに味わい、五感をフルに活用すれば、森の楽しみは無限大に増えていく。

くれぐれも「木を見て森を見ず」にならないようにしたいものだ。

山上にはハルゼミの声も響く

高原の湿地を行くニホンジカ

四季の森歩きを楽しもう

春の芽吹きと花に注目

雑木林の春は林床から始まる。背の高い木々が芽吹く前に、日の光を浴びるためだ。まず最初に黄色い花を咲かせるのが福寿草だ。続いて、カタクリがピンク色の花で林床を彩る。さらに、ニリンソウなどが白い花を咲かせる。

一方、樹木では低木のマンサクから咲き始める。続いて、アブラチャンやキブシなどの背の低い木が花を咲かせる。これらが終わると、いよいよ高木が花の季節を迎える。ヤマザクラが咲き、コナラが雄花を垂らす。葉の芽吹きが終わると、トチノキやホオノキなども咲き始める。

山も森も、春は下から上へと登っていく。そして、花は例外もあるが、黄色（薄黄緑）からピンク、白の順で咲いていく。そんなことを気にして森を歩いていると、春がどこまで進んでいるのかが実感できる。

春の訪れを告げるカタクリの花

芽吹いたばかりのイヌブナ

夏はたっぷり森林浴を

ウツギの仲間が咲き出すと、初夏も終わりに近づき、間もなく梅雨入りとなる。雨にしっとりと濡れた森もきれいだが、樹木観察はしにくい季節だ。それでも、梅雨の晴れ間を狙って山野を歩けば、アジサイなどが目を楽しませてくれる。

梅雨が明け、夏を迎えると、樹木の花はほとんど終わっている。咲いているのはリョウブやネムノキなどごく一部だけ。しかし、森は深い緑に包まれ、森林浴によい季節を迎える。梅雨の間に水分を吸収した葉は、生き生きし、木々を抜けてくる光はまさに緑のシャワーのよう。とくに沢沿いや滝そばの森では、マイナスイオンも多く発生しており、心地良さもアップ。

亜高山帯の森では、木々に含まれる樹脂から発せられるテルペンの香りに包まれ、思わず深呼吸したくなる爽やかさだ。

沢沿いの森林浴が気持ちいい

見るだけなら美しいベニテングタケ

葉１枚の紅葉に注目

秋は自然のアートを見つける

　秋の楽しみはなんと言って紅葉だろう。しかし、これも漫然と見ずに、細かい部分に目を向け観察したい。たとえば、ハウチワカエデなどは、早い時期は葉先だけを真っ赤に染めていたりする。他にも、日陰部分を黄色く残している葉や虫に食われ、葉脈だけの葉などもある。

　秋は、実りの季節でもある。ヤマグリを拾ったり、サルナシやアケビ、ヤマブドウを採集したりできる。キノコ狩りは知識がないと怖いが、観察するだけなら面白い。ベニテングタケやタマゴタケなどは、作り物のような美しさでちょっとしたアートのよう。赤い実が半分落ちたマムシグサの見も毒々しいながら、なかなか個性的な姿で目を引く。

冬は樹影と足跡探し

　冬枯れの森はもの寂しいが、枝振りを観察するにはいい。細かい枝先までがよく見え、樹形を決める骨格をはっきりと知ることができる。また、夏の間は見えなかった鳥の巣などが露わになり、どんな梢につくられているのかを知ることができる。

　ときには、雪降る森へと足を運ぶのも面白い。雪面に伸びる樹影はまさに影絵のようで美しい。さらに、雪面にはウサギやキツネなどの足跡が残されていおり、アニマルトラッキングを楽しむことができる。

　四季を通じ森を歩くことで、これまで気づかなかった新たな木々の美しさや面白さに触れてみたい。

オブジェのようなマムシグサの実

冬枯れの枝振りがたくましいブナ

雪面の樹影とウサギの足跡

森歩きのマナー

自然への心づかいを

自然保護や環境保護が声高に叫ばれるようになり、最近では、ゴミのポイ捨て、盗掘などは、かなり減ってきた。山や森に親しみ、楽しむ人の意識はだいぶ高まってきている。しかし、悪気はないのに、いつの間にか、木を傷つけたり、他の人の迷惑になってしまうことはある。

たとえば、急傾斜の山道では、時折、土が雨などで流失して、周囲の木の根が大きく張りだしていることがある。そんな場合、段差が急だとつい、木の根に足を乗せてしまうことがある。しかし、多くの人に根を踏まれ続けると、木は弱ってしまう。根に足を乗せなくても、登ったり、下りたりができるなら、根を踏まずに歩く心配りをしたい。

また近年、山歩きの際に、ストックを利用する人がとても多くなっている。バランス保持やスリップ時の転倒防止に役立ち、とても助かる装備だ。しかし、ストックをつく際も注意が必要だ。ストックはどうしても、自分の肩幅より少し外側に突くことになる。広い林道などでは問題ないが、狭い山道では道と森の境あたりを突いてしまう。結果、知らぬうちに林縁の植物を傷つけていることもある。ストックの先端カバーも、凍結した山道や雪道以外では、できるだけ付けておくようにしたい。

周囲の人への心づかいを

山に入ったら、自然を傷つけないのはもちろんだが、他のハイカーや登山者などへの気配りも必要だ。山に入ると、つい、はしゃいでしまい、「あそこに○○が」、「こっちには○○」などと、大声で話してしまう方がいる。自分の仲間だけでならよいが、他のグループがいるような状況では、小声で話すなどの気配りが必要だ。山へやってくる人は、少なからず静かな環境を楽しみにやってくる。なかには、野鳥観察などを楽しんでいる人もいるだろう。せっかく、鳥が気持ちよい声を響かせているのに、大声のせいで、鳴き止んだり飛び去ってしまっては迷惑。

登山道の途中に素晴らしい木や花

ストックは突き方に注意

休憩はグループごとに譲り合い

土が流出し飛び出した木の根は踏まないように注意

があり、三脚を据えて撮影する場合も注意。通行の妨げになっていないか考えて撮影を楽しみたい。

混み合った山上や休憩所では、お互いの譲り合いも大切だ。自分たちだけで、テーブルや椅子を占領してしまわず、余裕があれば詰めるなどの心づかいが必要だ。

自然破壊を招く山のトイレ

近年、登山中のトイレによる山の自然破壊が問題となっている。とりわけ標高の高い山上や湿原などは、一度自然が壊れれば、元の状態に戻るには膨大な時間がかかる。日本アルプスや富士山などの人気の山や気温が低い北海道の山では、自然状態ではし尿の分解が進まず汚される一方。利尻岳では携帯トイレが義務化されている。山に入る前にトイレを済ませるのはもちろん、山中でした場合は紙を持ち帰ること。また、ふだんからお腹を壊しやすい人は携帯トイレの携行を心がけたい。

入山前にトイレは必ず済ませよう

ゴミは家まで持ち帰る

近年、ゴミのポイ捨ては少なくなった。一方で、自治体によっては山を守るために、ゴミ箱を設置しているところなどもある。麓まで下りたから良いだろうと、里のゴミ箱に捨てる人もいるが、これもやめたい。自分の持ち込んだものは、必ず家まで持ち帰るようにしたい。

里にゴミ箱などがあっても持ち帰る

樹木観察の服装と持ち物

動きやすく歩きやすい服装

この本での樹木観察は「山歩き」が前提のため、基本的に登山をするときの服装や装備が必要となる。山のレベルなどにもよるが、まずは、足首をしっかり固定し守ってくれるトレッキングシューズが欲しい。

服装は汗で濡れても冷えないよう、素材にはこだわりたい。とくにアンダーウエアは綿をさけ、化繊やウールなどを選ぶこと。長袖シャツや長ズボンも、できれば登山用のものを選びたい。とくに、ズボンは太ももがゆったりとしたものを着用すること。Gパンや細身のズボンだと腿上げがしにくく歩きにくい。

春や秋はフリースなどの防寒着も忘れないこと。いくら街では暖かくても、山上は標高に応じて気温が低くなり、また、風によっても冷え込

山歩きの服装で樹木観察を楽しもう

みが激しくなる。着ないとき、小さくたためる薄手のものでよい。

ザックに用意したい装備

山歩きでは手が自由に使えるように、荷物はザックに入れていこう。行程などにもよるが、まず忘れてはいけないのがレインウエア。雨に濡

ザックの中には、雨具や防寒着、救急用具、ガイドブックなどを入れておこう

れると、急激に体が冷え、体力が消耗する。いざというときは、防風着や防寒着にも利用できるので必ず用意したい。ゴアテックス素材のレインウエアなら蒸れにくく快適だ。

コースを間違わずに歩くためには、地図やガイドブック、コンパスなどが必要になる。万が一、日が暮れてしまったときにはヘッドランプも欠かせない。他にも、救急用品やメモ帳、筆記用具、携帯電話、タオル、ティッシュなども用意したい。もちろん、水筒や食料も忘れずに。

樹木観察用の装備

樹木観察では、樹種を調べるための図鑑などの他にも、持っていくと便利なものがいくつかある。

まずは、デジタルカメラ。最近のものは接写が手軽にできるので、花のアップや葉っぱの細かい部分などを撮影しておこう。その場で、樹種が特定できない場合も、帰ってから調べる際にとても役に立つ。

折りたたみ式ルーペは葉や花の細かい部分をクローズアップして観察でき重宝する。双眼鏡は木の上部を見たり、岩上や対岸など、近づけない樹木を観察するのに便利だ。もちろん、野鳥観察などにも利用できる。倍率は8倍程度がオススメ。手持ちでもあまりブレず覗きやすい。

面白いところでは、聴診器。初夏の木々が盛んに水を吸い上げている時期、幹の音を聞いてみると、ときにグーッとかズーッという音がするという。私自身は「これか」と思える音を聞いたことはない。しかし、木を揺らす風の音や大地の音が、幹を通して聞こえてくる。それだけでも、木との一体感が味わえる。

ドングリや小さな種を拾ったときのために、ジップロックの袋やフィルムケースがあると便利だ。落葉拾いでは、透明のファイルブックがあると、仕分けして入れられ便利。

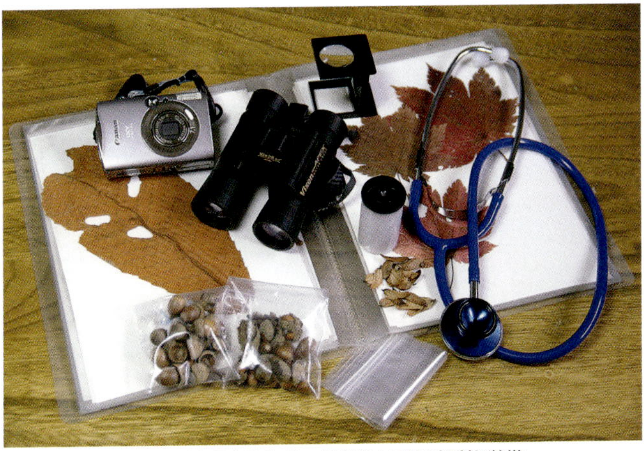

樹木観察を楽しくしてくれる小物やドングリ拾いなどに便利な装備

樹木観察にオススメの森

日本全国から樹木観察をしながら、
山や森歩きができる地域を広く紹介しよう。

さまざまな樹木に出会える高尾山

①	**歌才ブナ林** 北海道·黒松内町	北限のブナ林が広がる。林内にはゆっくり歩いて往復2～3時間の散策コースが整備され、見事なブナやミズナラに出会える。町内には「黒松内町ブナセンター」があり、周辺の自然や町の歴史などを紹介。
②	**八甲田山** 青森県・青森市	八甲田ロープウェイで山上へと上がれば樹氷で知られるアオモリトドマツが梢を伸ばす。山上から毛無岱の湿原を抜け酸ヶ湯へと下れば、周辺にはブナやミズナラ、イタヤカエデなどの夏緑樹の森が広がる。
③	**白神山地の森** 青森県・秋田県	青森と秋田の県境に広がるブナ林が見事。青森側の手軽な散策コースは「マザーツリー」で知られる津軽峠、暗門川周辺、日本海側の十二湖周辺。秋田側では400年ブナと苔むした林床が美しい岳岱自然観察教育林がある。
④	**仁鮒水沢天然杉保護林** 秋田県・能代市	明治以降、ほぼ自然状態のまま森が保護されており、50m前後の天然杉が林立する姿が見事。樹高58mのキミマチスギは高さ日本一ともいわれる。スギ以外にも、さまざまな夏緑樹が育ち豊かな森を感じる。
⑤	**平庭高原** 岩手県・久慈市	平庭岳の中腹に広がる日本最大規模といわれる約30万本のシラカバ林が美しい。とくに、初夏はレンゲツツジが咲き誇り、白い樹皮とのコントラストが見事。ブナやミズナラ、ヤマボウシなども見られる。
⑥	**奥日光** 栃木県·日光市	男体山山麓の光徳周辺にはミズナラの純林が広がり、戦場ヶ原などの縁にはシラカバやカラマツ林がある。中禅寺湖や西湖ではハルニレが生育。切込湖・刈込湖などではシラビソ、コメツガなどの針葉樹林が広がる。
⑦	**筑波山** 茨城県・つくば市	観光の山の側面をもつが、筑波神社の森として保護されてきた山腹の樹相は豊か。アカガシやスダジイなどの照葉樹からブナやミズナラの夏緑樹までが生育。ケーブルカーとロープウェイがあるので初心者も安心。
⑧	**奥利根水源の森** 群馬県・みなかみ町	東京の水瓶、利根川の源流部に広がるブナの森が美しい。林内には「森林浴のみち」「ブナの森のみち」「せせらぎのみち」「ささやきのみち」など９つの遊歩道が整備され、さまざまな森歩きが楽しめる。

⑨	**玉原高原** 群馬県・沼田市	関東周辺で一番美しいブナの二次林。センターハウスからグルリと周回するコースにはブナやミズナラ、トチノキなどの夏緑樹が広がっている。初夏から夏にかけて、ミニ尾瀬とも呼ばれる玉原湿原では各種の花が咲き誇る。
⑩	**高尾山** 東京都・八王子市	ミシュラン三ツ星観光地に選ばれ脚光を集める。山上へはいくつものルートが整備され、尾根沿いや沢沿い、南斜面、北斜面などによる樹相の違いを楽しむことができる。ケーブルカーがあり初心者でも安心して歩ける。
⑪	**奥多摩・三頭山** 東京都・檜原村	都民の森として整備された三頭山は、江戸時代に木々の伐採を禁じられていたため、緑が豊か。山腹にはブナやイヌブナ、サワグルミ、トチノキなどの巨木が見られる。山上からは富士山や雲取山などを展望。
⑫	**天城山** 静岡県・伊豆市	万三郎岳を最高峰とする山間に見事なブナ林やアセビの森が見られる。また、ヒメシャラも多く、独特の森を展開している。初夏はヤマツツジ、ミツバツツジ、サラサドウダン、アマギシャクナゲなどが林内を鮮やかに彩る。
⑬	**函南原生林** 静岡県・函南町	箱根外輪山の一つ、鞍掛山の南西斜面に広がる原生林。500種以上の植物が確認されており、アカガシの巨木やブナ、ヒメシャラなどが鬱蒼とした森を見せる。林内には自然遊歩道「学習の道」が整備されている。
⑭	**北八ヶ岳自然休養林** 長野県・茅野市	コメツガ、シラビソ、オオシラビソなどの針葉樹林と苔むした林床が美しい。手軽な散策コースは白駒池から高見石などをめぐるコース。高見石からは眼下に針葉樹林の森と青く光る池、八ヶ岳の展望が広がり見事。
⑮	**上高地** 長野県・松本市	大正池や田代池、梓川沿いの散策コースをたどれば、カラマツやコナシ、ケショウヤナギ、シラカバ、ハルニレなどに出会える。山際にはシラビソやコメツガ、ウラジロモミなども生育し森林浴が気持ちいい。
⑯	**赤沢自然休養林** 長野県・上松町	日本三大美林の一つでの木曽ヒノキの天然林が広がる。林内には森林鉄道が走り、歩きが苦手な人も手軽に森の奥へと入っていける。渓谷沿いや樹齢300年の木曽ヒノキの森をめぐる散策路が整備されている。
⑰	**芦生の森** 京都府・美山町	京都大学農学部附属演習林。入山の際は麓の演習林事務所での許可が必要だが、林内にはスギやヒノキからブナ、ミズナラ、トチノキなどまで243種の樹木が確認されており、見事な森が広がる。
⑱	**六甲山** 兵庫県・神戸市	山上へはケーブルカーや車道が通じ、神戸の裏山といったイメージだが、いくつものハイキングコースが設定され多くの樹木に出会える。山上には約1200種の樹木が植栽された森林植物園があり手軽な樹木観察にもオススメ。
⑲	**伯耆大山** 鳥取県・大山町	中国地方の最高峰の伯耆大山は中腹に鬱蒼としたブナやミズナラ、ハウチワカエデなどの森が広がる。山頂直下には特別天然記念物のダイサンキャラボクも生育。大神山神社周辺にはスギの大木なども見られる。
⑳	**屋久島** 鹿児島県・屋久島	海岸近くのガジュマル、マングローブから、中腹下部のタブノキやマテバシイ、さらに、ヤクスギやヒメシャラまで見事な垂直分布の森が楽しめる。ヤクスギを手軽に訪ねるならヤクスギランドや白谷雲水峡がよい。

『樹木観察ハンドブック』索引

※細い文字はガイドブック内で触れている樹種、及び、別名

ア行

カ行

サ行

タ行

ナ行

ハ行

マ行

ヤ行

ラ行

るるぶDo!ハンディ
葉・花・実・樹皮で見分ける!
樹木観察ハンドブック　山歩き編

著　者　松倉一夫

発行人　竹浪　譲
発行所　JTBパブリッシング
印刷所　凸版印刷

JTBパブリッシング
〒162-8446　東京都新宿区払方町25-5
http//www.jtbpublishing.com/

［図書のご注文は］
販売:☎03-6888-7893

［本書の内容についてのお問合せは］
編集:☎03-6888-7846

Printed in japan　441290
ISBN978-4-533-07564-3　C2026
◎ 落丁・乱丁本はお取り替えいたします

［インターネットアドレス］
旅とおでかけ旬情報　http://rurubu.com/

イラスト　阿部亮樹

監　　修　北村系子
独立行政法人　森林総合研究所主任研究員
専門は植物生態遺伝学

AD・デザイン　TOPPAN　TANC：杉 美沙保・渋澤 弾・倉科明敏・青木弥穂

［参考文献］
『原寸イラストによる落葉図鑑』（吉山　寛・著　石川美枝子・画　文一総合出版）／『検索入門　樹木①②』（尼川大録・長田武正　保育者）／『検索入門　針葉樹』（中川重年　保育者）／『葉で見わける樹木』（林　将之・著／小学館）／『野山の樹木』（姉崎一馬　山と溪谷社）／『樹木』（片桐啓子・文　金田洋一郎・写真　西東社）／『樹皮ハンドブック』（林　将之・著　文一総合出版）／『日本の植生図鑑〈Ⅰ〉森林』（中西　哲・大場達之・武田義明・服部　保・共著　保育者）／『野山の樹木観察図鑑』（岩瀬　徹・著　成美堂出版）／『探して楽しむ　ドングリと松ぼっくり』（平野隆久・写真　片桐啓子・文　山と溪谷社）

JTBパブリッシング

M E M O